# 流程自動化實務
## 微服務和雲端原生架構中的協調與整合

# Practical Process Automation
## Orchestration and Integration in Microservices and Cloud Native Architectures

*Bernd Ruecker* 著

黃銘偉 譯

**O'REILLY®**

# 目錄

## 第二部　企業中的流程自動化

## 第 6 章　解決方案的架構 ................................................. 121

## 第 11 章　流程可見性 ................................ 229

# 序

我記得非常清楚，20 年前我第一次決定使用一個以 Java 實作的小型開源工作流程引擎（workflow engine）為朋友編寫商務軟體的那段回憶。這個決定改變了我的生活。我變得對流程自動化（process automation）充滿了熱情，並投入參與那個開源專案的社群。最終，這段經歷促使我共同創立了自己的公司，該公司後來成為可取用原始碼（source-available）的流程自動化工具的領先供應商（我做夢也想不到現在會有那些大公司使用我們的軟體！）。我寫這本書的目的不僅是為了分享我對流程自動化的興奮之情，也是為了解釋如何在現實生活中以講求實際且對開發者友善的方式應用流程自動化技術。

但先說個軼事。在高中時期，我的一位好友開始了他們自己的事業：一家販售顯示卡（graphics cards）的專賣店。如果你組裝過電腦，你可能記得這些顯卡，它們可以被「改裝」，以獲得更多的晶片功率，這讓遊戲玩家可以購買比較便宜的顯卡，但達到更好的效能。這種商業模式需要把每張實體顯卡當作一個單獨的專案來處理，並在販賣和分銷上制定非常具體的程序。

我的朋友在這種商業模式上很成功，事實上是非常成功，成功到基於人工處理和電子郵件的流程都被打破。訂單延遲，成堆的顯卡以及未處理的退貨包裹開始塞滿房間。

我們討論了這種情況的補救措施，最後開發了一款自訂軟體，使他們的一些流程自動化，同時支援他們商業模式的具體細節。這款軟體的關注點相當狹窄，但幫助他們消除了堆積的所有東西。他們縮短了工作週期，使訂單在一天內就能發貨。在重新設計的流程中，手工作業減少到了僅涉及實體貨物的步驟（例如，封裝包裹），而其他任務則被自動化（生成和列印發票和貨運標籤、發送客戶確認函等）。客戶能清楚掌握他們的訂單狀態，我們甚至提供了一個非常簡單的自助追蹤入口網站。如果某些流程卡得太久，軟體就會警示有問題發生，所以不再需要等待客戶投訴才去採取糾正措施。整體而言，儘管該軟體還是有需要自己動手的地方，但它仍是巨大的成功。

那時我絕不會這樣措辭，但我第一手親身體驗到了流程自動化的好處：提升流程品質、減少工作週期、枯燥的任務被自動化、可以擴大規模的能力以及減少營運支出。

在接下來的 20 年裡，我看到所有行業的核心流程與支援流程都在自動化。我看到 NASA（美國國家航空暨太空總署）使用地球上的自動化流程處理火星機器人送來的資料，以便將控制信號傳回太空。我看到保險公司將入職和理賠的處理過程自動化，包括透過 apps 回報事故，以及完全自動化的報告處理。我看到流程自動化技術被應用於貿易和資金轉移的案例，以及電信領域的許多不同流程之上。我甚至看到真正的實驗室機器人被一個工作流程引擎所控制。

流程自動化無處不在，而且超級令人興奮。自動化的需求幾乎每天都在增長。數位轉型正在發生，允許全新的商業模式，並要求公司在根本層面上改變業務流程。近來，COVID-19 的大流行使這成為焦點：幾乎在一夜之間，企業就從需要現場簽字的文書作業轉變為電子流程；公司需要擴充以前相對不常見的完整流程，例如航空公司的機票取消和航班賠償；組織迅速轉向全新的商業模式，像是要因應口罩分發的需求。

這些只是 Gartner 稱為「超自動化（hyperautomation）」這一更大趨勢的幾個例子。

公司走上這條道路的原因很多：現有的流程可能效率太低、速度太慢、營運成本太高、規模無法擴充，或者根本沒有足夠的彈性來支援新的商業模式（或者同時擁有所有的這些東西！）。而人工執行或自動化程度低的流程沒辦法提供足夠的資料，為正在發生的事情提供可據以採取行動的見解，使得它難以學習和適應。這使得企業難以對抗已經接受數位轉型和流程自動化的競爭對手的競爭。

流程自動化解決的通常是需要根據組織的需求量身訂製的流程。因此，它們不能被當作現成的應用軟體來購買。即使這些流程在不同的組織中往往是相同的（例如，新客戶申辦、訂單管理、決賠），但每個組織設計和實施這些流程的方式是獨特的，可以作為他們在市場中的一個差異化優勢。流程自動化使企業更具競爭力、更有效地開展業務、節約成本、增加營收，並在其數位轉型中取得進展。

你很有可能在這樣的公司工作，也許是作為一名軟體架構師、企業架構師、業務分析師或開發人員。流程自動化將是你工具箱中的關鍵工具之一。

我在本書中的任務是藉由分享我在流程自動化方面 20 年的第一手經驗來幫助你的旅程更加順利。

# 流程自動化的工具和技巧

有很多方式可以實現流程自動化，從一般的軟體開發到批次處理（batch processing）、事件驅動的微服務（event-driven microservices），到你能想到的任何其他開發實務。

但流程自動化有明確的特質和要求，有專用的軟體為解決這些問題而被建置出來。分析師定義了與流程自動化相關的不同軟體市場類別：例如，數位流程自動化（digital process automation，DPA）、智慧業務流程管理套件（intelligent business process management suites，iBPMS）、低程式碼平台（low-code platforms）、機器人流程自動化（robotic process automation，RPA）、微服務協調（microservice orchestration）、流程協調（process orchestration）、流程監控（process monitoring）、流程探勘（process mining）、決策支援（decision support）和自動化（automation）。

這些不同的軟體類別都提供了工具和技術，使企業能夠協調、自動化並改善業務流程。這些流程可以包括人、軟體、決策、機器人（bots）和其他事物。

這是一個很廣的範圍。那麼，我們在本書中會專注於什麼呢？

# 本書涵蓋的範圍

本書探討了如何在現代系統架構和軟體開發實務中應用流程自動化。它仔細審視了工具的支援看起來應該要怎樣，才能成為成為每個開發人員工具箱裡的重要組成部分。它展示了，若要實現此目標，其核心元件會是一個對開發者友善的輕量級工作流程引擎，這一點將在本書各處詳細討論。

過程中，我們將討論一些典型的誤解。工作流程引擎在軟體開發中並不陌生，就像某些人所期望的那樣。而且，即使分析師的報告和大廠商的工具都不是特別以開發者為中心或是對開發者友好，現在也還是有一些替代工具可供選擇，正如你將在本書中看到的那樣。其中一些可能無法納入前面提到的類別，但其他的可以。

也就是說，我不會用太多的時間來討論分析師對於流程自動化軟體的看法，主要是在現代架構的軟體開發背景下，給出關於工作流程引擎的實用建議。在這個背景下，我將把微服務、事件驅動系統以及領域驅動設計（domain-driven design）的思想編織在一起。

這可能會帶給你關於流程自動化的一個新視角。

# 本書適用對象

本書的目標讀者是那些想了解流程自動化的軟體開發人員和軟體或系統架構師（software or system architects）。

 你可能更願意被稱為軟體工程師（software engineer），而不是開發人員（developer），這完全沒有問題。在本書中，我使用了軟體開發人員（*software developer*）這個詞，單純只因為我必須決定出一個。

如果你是一名軟體開發人員，你可能想在你的應用程式、服務或微服務中使用工作流程引擎來解決實務上的問題。本書將幫助你了解工作流程引擎可以為你解決哪些問題，以及如何開始使用。

如果你是一名系統架構師，本書將幫助你了解圍繞流程自動化的機會和陷阱。它將引導你完成一些艱難的架構決策和權衡，包括使用工作流程引擎與其他方法比較起來如何，或是工作流程引擎是否應該集中操作。

如果你從事其他工作，你還是可以從中受益。比如說：

- 如果你是一名 IT 管理人員，這本書可以幫助你做出更明智的抉擇，並在內部提出對的問題。

- 如果你是一名業務分析員，而且你有動力跳出框架思考，理解事物的技術層面，這本書也可以幫助你。

總而言之，你需要在軟體工程領域有過一些普通經歷，但不需要其他特定的知識。

# 架構師總是動手實作

如果你無法指出具體的程式碼範例，討論概念就只有一半的樂趣可言。可執行的程式碼迫使你精確，讓你去考量在概念層面上可以忽略的細節，而最重要的是，它往往能夠最清楚地解釋事情。我個人非常喜歡「架構師總是動手實作（the architect always implements）」這句格言。壞處是，我必須決定一種具體的技術（而那可能不是你所選的技術）和特定的產品（書印出來的時候可能已經過時了）。我試圖盡可能在廠商這方面保持中立，但作為流程自動化廠商 Camunda 的共同創辦人，我當然有自己的主張，並傾向於使用我最熟悉的工具，也就是我公司所提供的那些。

我的主張當然也會影響我們的產品，這意味著一些調整是不可避免的。但作為擁有 20 年實務經驗的流程自動化愛好者，這本書根植於形成這些觀點的前線客戶交流體驗。

在某些地方，我確實使用了可執行的原始碼，因為其他任何東西都會使特定概念的理解變得更加困難。在這些情況中，我使用 Camunda 的流程自動化平台。

# 配套的網站和程式碼範例

除了這本書，你還可以在 *https://ProcessAutomationBook.com* 找到補充材料（程式碼範例等）以供下載。這個網站還連結到可在 GitHub 上取用的原始碼。

這些例子不僅可以幫助你更加理解書中所描述的概念，還可以讓你在讀到無聊的時候有一個把玩技術的好機會。

如果你有技術問題或在使用程式碼範例時遇到問題，請發郵件到 *bookquestions@oreilly. com*。

本書是為了幫助你完成你的工作。一般來說，如果本書提供了範例程式碼，你可以在你的程式和說明文件中使用它。你不需要聯繫我們獲得許可，除非你是要複製很大一部分的程式碼。舉例來說，編寫一個用到本書幾段程式碼的程式不需要許可。銷售或散佈 O'Reilly 書中的範例則需要取得授權。引用本書和範例程式碼來回答問題不需要許可。將本書中的大量範例程式碼納入你產品的說明文件，需要得到許可。

引用本書之時，若能註明出處，我們會很感謝，雖然一般來說這並非必須。出處的註明通常包括書名、作者、出版商以及 ISBN。例如：「流程自動化實務，Bernd Ruecker 著（O'Reilly）。版權所有 2021 Bernd Ruecker，978-1-492-06145-8」。

如果覺得你對程式碼範例的使用方式有別於上述的許可情況，或超出合理使用（fair use）的範圍，請不用客氣，儘管連絡我們：*permissions@oreilly.com*。

# 如何閱讀本書

一般來說，我建議你先按順序閱讀第 1 章和第 2 章。這樣你就有了基本的知識，能夠理解本書所涵蓋的內容，以及如何將之應用到你的情況。

在那之後，你可以單純繼續閱讀或快轉到你認為最有趣的章節。雖然全書當然有一些邏輯環節存在，但我試著交叉參考，以防你跳過某些部分。

然而，我可以推薦一些不同的閱讀路徑：

- 如果你過去在業務流程管理（business process management，BPM）方面有不好的經驗，你可能會想先讀一下第 1 章的「不是你父母那一代的流程自動化工具」，因為這應該能讓你確信手中的書是正確的。

- 如果你有事件驅動系統（event-driven systems）的經驗，並且認為你不需要協調（orchestration），你可能會想偷偷看一下第 8 章，以便更加了解為什麼這本書與你有關。也可以看看第 2 章，你會更能理解我所說的流程自動化之含義。

- 如果你是微服務（microservices）或領域驅動設計（domain-driven design，DDD）的粉絲，你可能會對流程自動化如何融入這個世界抱持懷疑的態度。我建議你儘早閱讀第 7 章，因為這最能說明本書對流程自動化的思維與該領域的許多傳統方法有何不同。

- 如果你是一名 IT 經理人，在猝不及防的情況下被拉入一個業務或流程自動化專案，你可能會想從第 12 章開始，因為這將給你一些指引，告訴你如何塑造你的旅程。

- 如果你樂意聽從我的建議，使用基於 BPMN 的工作流程引擎，你可以跳過第 5 章。

# 本書所用慣例

本書使用下列排版慣例：

斜體（*Italic*）
　　代表新名詞、URL、電子郵件位址、檔名和延伸檔名。

定寬體（`Constant width`）
　　用於程式碼列表，還有內文字裡行間參照到程式元素的地方，例如變數或函式名稱、資料庫、資料型別、環境變數、述句和關鍵字。

這個元素代表訣竅或建議。

 這個元素代表一般註記。

 這個元素代表警告或注意事項。

# 致謝

我想感謝幫助我撰寫這本書的所有人。首先,這包括我在過去十年中遇到的所有的人,例如在 Camunda 社群、在客戶專案中,或在會議上。無數次的討論幫助我了解流程自動化的世界,持續不斷的回饋不僅塑造了 Camunda 平台,也塑造了我以此為中心的教學材料。

我想感謝 Camunda 的每一個人。Camunda 不僅是一個很棒的工作場所,有著那些優秀的同事,而它還持續在改變流程自動化的世界。我們在公司所取得的成就遠遠超過了我在共同創辦公司時的夢想。而且每天仍然充滿樂趣,所以讓我們繼續前進吧 :-)

此外,我要感謝我的好朋友 Martin Schimak,他幫助我形塑了本書所記錄的最初想法。Martin 也是架構本書的過程中很好的爭論對手。我也非常感謝所有優秀的技術審閱者,他們提供了超級有用的回饋意見。這些人投入了大量的空閒時間幫忙改善本書,所以非常感謝你們(依字母順序排列):Tiese Barrell、Adam Bellamare、Rutger van Bergen、Colin Breck、Joe Bowbeer、Norbert Kuchenmeister、Kamil Litman、Chris McKinty、Surush Samani、Volker Stiehl,以及所有其他人。

當然,我也要感謝我的家人,他們不僅忍受了一場傳染病的大流行,而且還忍受了為這本書寫作的我。最後也非常重要的是,我要感謝 O'Reilly 公司的整個團隊,他們讓寫書的過程不僅沒有痛苦,而且還相當愉快。

# 第 1 章

# 簡介

讓我們開始吧！本章將討論：

- 我所說的流程自動化（process automation）是什麼意思
- 將流程自動化時的具體技術挑戰
- 工作流程引擎（workflow engine）能做什麼以及為什麼它能提供大量的價值
- 自動化流程時，業務和 IT 如何協作（collaborate）
- 現代工具與過去的 BPM 和 SOA 工具有什麼很大的差異？

## 流程自動化

從本質上講，一個流程（process，或「工作流」，workflow）單純是指需要執行以達到某個預期結果的一系列任務（a series of tasks）。

流程無處不在。身為開發人員，我認為我個人的開發流程是能夠管理某些任務，這包括提出程式碼變更，然後被推行到生產環境中。作為員工，我會想最佳化我以電子郵件處理為中心的流程，這涉及到快速確定優先順序和保持空收件匣的技巧。身為企業主，我考慮的是端到端的業務流程，例如履行客戶訂單，也就是所謂的「從訂單到現金（order to cash）」。而作為後端開發者（backend developer），我可能也會考量程式碼中的遠端呼叫（remote calls），因為這些涉及到一系列的任務，特別是在你考慮到重試或清理任務之時，因為一個分散式系統（distributed system）隨時都可能發生失誤。

流程可以在不同層面上實現自動化。主要的區別在於，是否由人控制流程、是否由電腦控制流程，或者流程是否完全自動化。下面是一些突顯這些不同層次自動化的一些例子。

高中畢業後，我幫忙組織了為年老長輩送餐到家的活動。每天都有一個處理餐點的過程，有彙整過的餐點清單送到廚房、包裝餐點，最後確保所有的餐點都有正確的標籤，以便將它們送到正確的收件人手中。此外，還有送餐服務本身。我開始工作時，這個過程完全是紙上作業，要花一整個上午才能完成。我改變了這一點，運用 Microsoft Excel 將一些任務自動化。這使處理時間降到了 30 分鐘左右，所以效率高了很多。但仍有一些體力活，例如包裝和標記食物，以及開車去接收者的家裡。

更重要的是，這個過程仍然是由人類控制的，因為我的工作就是按下正確的按鈕，在適當的時間帶著適當的清單出現在廚房。只有一些任務是由軟體支援的。

在我最後一次拜訪醫院時，我和工作人員聊了聊備餐工作的情況。病人需要填寫一張紙卡，標明會過敏的食物和膳食偏好，這些訊息會被打入電腦。然後 IT 系統負責將這些訊息在正確的時間傳送到正確的地方，而且得以自動的方式完成。人們在這個過程中仍然扮演著某個角色，但他們並不需要指揮它。這是一個由電腦控制，但不是完全自動化的流程。

如果你更進一步推想這個例子，現在還有烹飪機器人可運用。如果你將這些機器人加入到這個過程中，就有可能讓電腦不僅負責流程控制的自動化，並且也需進行烹飪任務。這使此過程更接近於一個完全自動化的流程。

正如你所看到的，任務間流程控制的自動化和任務本身的自動化之間有一個重要的區別：

### 流程控制的自動化（*Automation of the control flow*）

任務之間的互動是自動化的，但任務本身可能不是。如果人類做這些工作，電腦會控制這個過程，並在必要時讓他們參與進來，例如透過任務清單使用者介面（tasklist user interfaces）。這被稱作是**人類任務管理**（*human task management*）。在前面的例子中，這就是指人類烹煮食物的任務。這與完全手動操作的流程形成鮮明對比，因為那是有人類控制著任務流程才行得通，藉由傳遞紙張或電子郵件來完成。

### 任務的自動化（*Automation of the tasks*）

任務本身是自動化的。在前面的例子中，這就是由機器人來烹飪食物。

如果你把流程控制和任務的自動化結合起來，你最終會得到完全自動化的流程，也被稱為**直通式處理**（*straight-through processing*，*STP*）。這些流程只有在發生的情況超出預期的正常作業時才需要人工干預。

當然，有一個總體趨勢是盡可能地將流程自動化，但也有一些具體的原因促成自動化的發展：

---

### 重複次數多（*High number of repetitions*）

只有當節省下來的潛在成本超過開發費用時，投入自動化的努力才是值得的。具有高執行量的流程是自動化的最佳候選者。

### 標準化（*Standardization*）

流程需要結構化和可重複性，才易於自動化。雖然某種程度的變異和彈性在自動化流程中是可能的，但它增加了實現自動化所需付出的努力，並削弱了一些優勢。

### 符合規範的一致性（*Compliance conformance*）

對於某些產業或特定的流程，有著以可稽核性（auditability）為中心的嚴格規則，甚至會有規則強制要求以可重複和可修改的方式遵循有文件記載的程序。自動化可以做到這些，並且立即提供高品質的相關資料。

### 對品質的需求（*Need for quality*）

某些流程應該產生品質穩定的結果。舉例來說，你可能承諾對客戶的訂單有一定的交付速度。這一點在自動化流程中更容易達成和保持。

### 資訊的豐富性（*Information richness*）

攜帶大量數位化資訊的流程更適合自動化。

流程自動化可以透過不同的手段來實作，正如第 5 章「其他實作選項的限制」中進一步探討的那樣，但有特殊的軟體是專門用於流程自動化的。正如序言中提到的，本書將重點介紹這些工具，特別是工作流程引擎。

> 流程自動化並不一定意味著開發軟體或使用某種工作流程引擎。它可以很簡單，像是運用 Microsoft Office、Slack 或 Zapier 等工具，將由特定事件觸發的任務自動化。舉例來說，每次我在個人試算表中輸入一個新的會議演講，都會觸發幾個自動化任務，將其發佈在我的首頁、公司活動表、我們經營開發人員關係的 Slack 頻道等。這種自動化相對容易實作，甚至可以由非 IT 人員以自助的方式實作，但當然能力很有限。
>
> 在本書的其餘部分，我不會專注於這些類似 Office 的工作流程自動化工具。取而代之，我們將從軟體開發和架構的角度探討流程的自動化。

為了幫助你理解如何運用工作流程引擎（workflow engine）實作流程自動化，讓我們快速跳入一個故事，闡明它能解決的各種現實生活中的開發問題。

# 狂野西部整合（Wild West Integrations）

想像一下，Ash 是一名後端開發人員，他的任務是建立一個小型的後端系統，藉由信用卡收取付款。這聽起來並不複雜，對嗎？Ash 馬上開始設計一個漂亮的架構。在與從事訂單履行（order fulfillment）的同事之對談中，他們都同意為訂單履行服務提供一個 REST API 是推進工作最容易的選擇。於是，Ash 就開始為此撰寫程式碼。

寫到一半，一位同事走了進來，看著 Ash 的白板，白板上記錄著那個架構之美。這位同事隨口說了：「喔，你在使用那個外部信用卡服務啊。我以前也用過它，那時候我們有很多連線不穩和故障中斷的問題，這一點有改善嗎？」。

這個問題讓 Ash 大吃了一驚。這個昂貴的 SaaS 服務是飄忽不定的？這意味著 Ash 那漂亮又簡單明瞭的程式碼太天真了！但不用擔心，Ash 添加了一些程式碼，在服務不可用時重試呼叫。再聊了一會兒，這位同事透露，他們的服務遭遇過有時會持續數小時的中斷。呃，所以 Ash 需要想個辦法，在更長的時間內重試。但該死的是，這涉及到狀態處理（state handling）和排程器（scheduler）的使用！所以 Ash 決定不馬上解決這個問題，而只是在積壓的待辦事項（backlog）中記錄一個問題，希望訂單履行團隊能夠解決這個問題。至於現在，Ash 的程式碼只是在信用卡服務無法取用時擲出一個例外，並雙手合十祈禱一切都能順利進行。

在上線生產的兩個星期後，來自訂單履行部門的一位同事和 CEO 一起走了過來。這到底是怎麼回事？原來 Ash 的系統引發了很多「信用卡服務不可用（credit card service unavailable）」的錯誤，而 CEO 對於有大量的訂單無法履行感到不悅，這個問題已經導致了營收的損失。Ash 試圖立即採取行動，要求訂單履行團隊試著重新嘗試付款，但他們必須解決其他緊急問題，不願意接手本應由 Ash 的服務處理的責任（而他們的不情願是完全正確的，如你會在第 7 章中看到的）。

Ash 承諾會儘快解決這個問題，並讓一些東西上線。回到他們的辦公桌前，Ash 創建了一個名為 payment 的資料庫資料表（database table），其中有一欄（column）名為 status。每一個付款請求都被插入其中，並帶有 open（未決）的狀態（status）。在這之上，Ash 還添加了一個簡單的排程器，它會每隔幾秒檢查一次未決的付款，並對其進行處理。現在，該服務就能在較長的時間內進行有狀態的重試（stateful retries）。這很好。Ash 打電話給訂單履行人員，他們討論了 API 中需要的變更，因為現在付款是非同步（asynchronously）處理的。原本的 REST API 會交回 HTTP 202（Accepted）回應，Ash 的服務可以回呼（call back）履行服務，發送一些訊息給他們，或者讓他們定期輪詢（poll）支付狀態。團隊同意用輪詢的方式來快速解決問題，所以 Ash 只需要提供另一個 REST 端點來讓付款狀態可查詢。

這一變更被推行到生產環境中，Ash 很高興能解決 CEO 的擔憂。但不幸的是，這種平靜並沒有持續太久。一隊人馬來到了 Ash 的辦公室，其中包括營運總監。他們告訴 Ash，沒有訂單可以出貨，因為沒有成功接收到任何的付款。什麼？Ash 在心裡默默記下，要增加一些監控機制，避免將來被這些情況嚇到，然後看了一眼資料庫。哦，不，有大量的未付款堆積在一起了。仔細研究了一下日誌，Ash 發現排程器被一個特殊的案例打斷並且當掉了。該死！

Ash 把中斷整個流程的那筆「有毒的」付款放到一邊，重新啟動排程器，就看到付款又開始被處理了。鬆了一口氣後，Ash 發誓要更密切地關注事情的發展，並拼湊了一小段指令稿（script），定期查看該資料表，並在有異常情況發生時發送電子郵件提醒。Ash 還決定在該指令稿中添加一些針對特殊情況的緩解策略。很好！

經過這幾週的緊張工作後，Ash 打算去度假了。但事實證明，老闆對 Ash 的休假並不太高興，因為除了 Ash，沒有人真正了解他們剛建立出來的工具堆疊（tool stack）。更糟糕的是，老闆反而拿出了一份關於支付服務的額外需求清單，因為一些業務人員聽說了搖搖欲墜的信用卡服務，希望得到關於可用性和反應時間的更深入報告。他們還想知道商定的服務級別協議（service level agreement，SLA）是否真正達到標準，並希望即時監控。天哪，現在 Ash 不得不在資料庫的基礎之上新增一開始看似沒必要的報告生成功能。圖 1-1 顯示了由此產生的混亂局面的全貌。

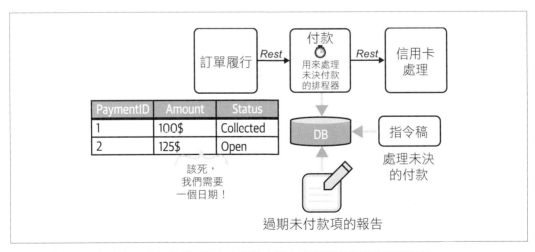

圖 1-1「狂野西部整合」在起作用：你在大多數企業中實際發現的常見混亂現象

不幸的是，Ash 剛剛使用了一種太過常見的做法來實作流程自動化，我稱之為**狂野西部整合**（*Wild West integration*）。這是建立系統的一種臨時方法，沒有任何形式的管理可言。這樣的系統很可能無法很好地服務企業整體。

下面是一些更多「風味」的狂野西部整合：

**透過資料庫的整合**（*Integration via database*）

一個服務直接存取其他一些服務的資料庫以進行通訊，而其他服務往往並不知情。

**天真的點對點整合**（*Naive point-to-point integrations*）

兩個組成元件直接相互通訊，通常是透過 REST、SOAP 或訊息傳遞協定（messaging protocols），而沒有把以遠端通訊為中心的所有面向都好好搞清楚。

**資料庫觸發器**（*Database triggers*）

每當你寫東西到資料庫時，就會調用額外的邏輯。

**脆弱的工具鏈**（*Brittle toolchains*）

例如，透過 FTP 移動逗號分隔（comma-separated，CSV）的文字檔。

Ash 需要為工作流程引擎內建就有的功能編寫大量的程式碼：保持當前狀態、排程重試、回報當前狀態，以及操作長期執行的流程。與其自己寫程式碼，你不如利用現有的工具。推出你自己的解決方案，真的沒有什麼好處。即使你認為你的專案不需要工作流程引擎的額外複雜性，你也應該再考慮一下。

> 在沒有工作流程引擎的情況下編寫流程的程式碼，通常會導致複雜的程式碼；狀態處理最終被寫入到元件本身。這使得人們更難理解那些程式碼中所實作的商業邏輯和業務流程。

Ash 的故事也很可能致使一個自製的工作流程引擎被開發出來。這種針對公司的特定解決方案會招致大量的開發和維護工作，並且仍然落後於現有工具所能提供的能力。

# 工作流程引擎與可執行的流程模型

那麼，除了寫定的工作流程邏輯或自製的工作流程引擎之外，還有什麼選擇呢？你可以使用現有的工具，例如本書網站（*https://ProcessAutomationBook.com*）上所彙整的清單中的某個產品。

一個工作流程引擎可以自動化某個流程的控制。它允許你定義和部署你流程的一個藍圖，即流程定義（*process definition*），以某種建模語言（modeling language）表達。部署了這個流程定義之後，你就可以啟動流程實體（*process instances*），而工作流程引擎則會追蹤它們的狀態。

圖 1-2 顯示了前面介紹的支付範例的流程。該流程在需要付款時開始，如流程模型中的第一個圓圈所示（這是所謂的起始事件，即 *start event*，標誌著一個流程的開始）。然後，它經過一個也是唯一的任務，稱為服務任務（*service task*），以齒輪表示。這個服務任務將實作對外部信用卡服務的 REST 呼叫。你將在第 2 章中學習如何做到這一點。現在，簡單想像一下，你寫了一些一般的程式碼來做這件事，我稱之為膠接程式碼（*glue code*）。在這項任務之後，此流程在結束事件（*end event*）中結束，也就是那個有粗邊的圓圈。

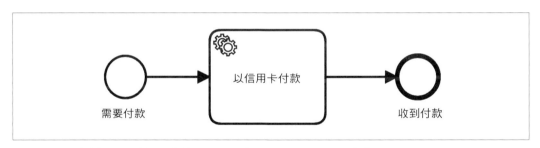

圖 1-2 一個非常簡單的流程，它就已經可以處理信用卡例子中的許多需求了

圖 1-3 透過一些虛擬程式碼（pseudocode）以視覺化的方式說明了你如何使用這個流程模型來實作支付。首先，你要寫一些程式碼，對外界的一些東西做出反應，例如，對 REST 端點的呼叫，以收集付款。然後，這段程式碼將使用工作流程引擎的 API 來啟動

一個新的流程實體。這個流程實體由工作流程引擎持續保存（persisted）；圖 1-3 透過一個關聯式資料庫（relational database）將其視覺化。在本書後面，你會讀到不同的引擎架構（engine architectures）、續存選項（persistence options）和部署場景（deployment scenarios）。

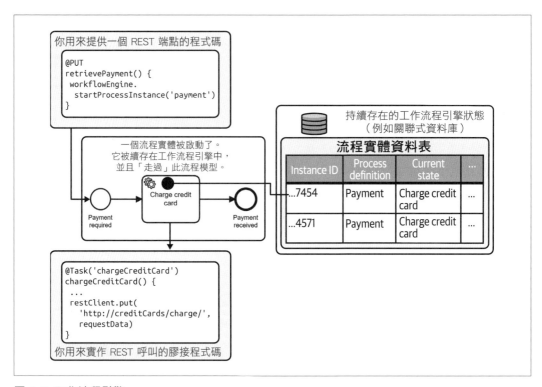

圖 1-3　工作流程引擎

接下來，你會撰寫一些膠接程式碼透過信用卡收費。這段程式碼就像一個回呼（callback），將在流程實體推進到向信用卡收費的任務時執行，這會在流程實體啟動後自動發生。理想情況下，信用卡付款會立即被處理，然後流程實體結束。你的 REST 端點甚至可能向其客戶端回傳一個同步回應（synchronous response）。但在信用卡服務中斷的情況下，工作流程引擎可以安全地在任務中等待向信用卡收費並觸發重試。

我們剛剛提及了工作流程引擎兩個最重要的能力：

- 續存（persist）狀態，這允許等待。

- 排程事情，例如重試。

依據工具的不同，膠接程式碼可能需要用特定的程式設計語言編寫。但有些產品允許使用任意的程式設計語言，所以如果你決定清理你的「狂野西部」實作，你大概就能夠重複使用你的大部分程式碼，而只是利用工作流程引擎來進行狀態處理和排程。

當然，許多流程都遠遠超出了這個簡單的例子。在取得付款的過程中，流程模型可能要解決更多的業務問題。例如，流程可能會對過期的信用卡做出反應，並等待客戶更新他們的付款訊息，如圖 1-4 所示。

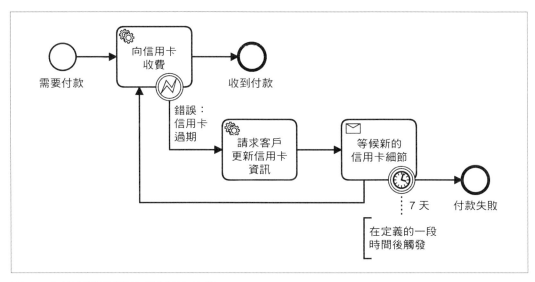

圖 1-4 支付流程可以迅速變得更加精細

到目前為止，這個支付流程更像是一個整合流程（integration process），這不是流程自動化最典型的用途。我喜歡從它開始，是因為它可以幫助技術型讀者了解工作流程引擎的核心能力，但我們將在下一節中檢視一個更典型的商業流程。

# 一個想像的商業場景

讓我們來看看一個典型的（但是想像中的）專案。ShipByButton Inc.（SBB）是一家科技新創公司。它提供一個小型的硬體按鈕。每當它被按下，就會有某個特定的物品被訂購。舉例來說，你可以把這個按鈕放在你的洗衣粉旁邊，當你看到洗衣粉快空了，你只要按下按鈕，一盒洗衣粉就會被訂購並運送給你（如果這讓你想起 Amazon 的 Dash 按鈕，這可能純屬巧合 ;-)）。

SBB 想要自動化它的核心業務流程，也就是訂單的履行。第 10 章「一個典型的專案」中對不同的角色與他們的合作進行了詳細的討論。至於現在，讓我們假設 SBB 從繪製與所涉及的實體步驟有關的流程開始，並努力達到可以使用工作流程引擎自動化的細節水準。他們受益於這樣的一個事實：無論你在哪個層面上應用 BPMN 這種流程建模語言，它都是通用（universal）的。

由此產生的流程模型如圖 1-5 所示。

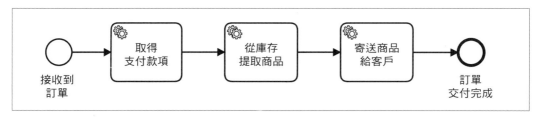

圖 1-5 可自動化的端對端業務流程

這當然有點簡化了，因為在現實生活中，你有更多的特殊狀況要處理；例如，無法取得付款或商品缺貨時。

你可以看到這個流程仰賴其他服務，例如第一個任務調用了支付服務。這是在應用微服務時的一個典型場景，如你將在本書後面學到的。

對業務流程進行建模（modeling）往往會帶來一個有趣的副產品：意外的洞察力。在一個接近 SBB 的客戶場景中，我們發現「業務人員」實際上並不確切知道「倉庫裡的人」在做什麼。視覺化的流程模型不僅有助於識別，也有助於解決這種問題。

# 長時間執行的流程

流程自動化的範圍廣泛。雖然它通常是關於企業、端對端的業務流程，如訂單履行、開戶或決賠（claim settlement），但它也可以幫助以協調（orchestration）和整合（integration）為中心的更多技術用例，如信用卡範例中提過的。

不過，所有這些例子都有一個共同點：它們涉及長時間執行的流程（long-running processes）。這意味著需要幾分鐘、幾小時、幾週或幾個月才能完成的流程。處理長時間執行的流程是工作流程引擎最擅長的事情。

這些流程涉及到等待一些事情的發生；例如，等候其他元件的回應，或者僅僅是等待人類做一些工作。這就是為什麼工作流程引擎需要處理耐久的狀態（durable state），如前所述。

看待這個的另一種觀點是，只要邏輯跨越邊界（crosses boundaries），就會需要長時間執行的行為（long-running behavior）。當我說到邊界的時候，可能意味著非常不同的事情。若你呼叫一個遠端服務，你就跨越了你本地程式、本地 OS 和你本地機器的邊界。這使得你必須負責處理圍繞服務可用性（availability of the service）或增加的延遲（added latency）的問題。如果你調用另外的元件或資源，你也跨越了技術交易（technical transaction）的邊界。如果你整合了源於其他團隊的元件，你就跨越了組織的邊界，這意味著你需要與這些人進行更多的協作。如果你涉入外部服務，例如來自信用卡機構的服務，你就跨越了你們公司的邊界。而若涉及到人，這就跨越了可自動化（automatable）和不可自動化（not-automatable）的任務之間的邊界。

管理這些邊界不僅需要長時間執行的能力，還需要你仔細思考任務的次序（sequence of tasks）。這些失敗場景和處理它們的適當業務策略需要認真的討論。而且，你可能面臨以資料安全性、合規性（compliance）或稽核為中心的監管要求。這些需求進一步激發了流程的圖形視覺化，這將在第 11 章中深入介紹；這讓技術人員能與合適的非技術人員協商，以解決任何挑戰。

現代系統的邊界越來越多，因為人們越來越傾向於從單體系統（monolithic systems）轉向細粒元件（fine-grained components），像是服務、微服務或函式（functions）。而且系統往往是由內部應用程式和在雲端上耗用的服務裝配起來的狂野組合。

# 業務流程、整合流程以及工作流程

總而言之，你可以自動化業務流程（business processes）和整合流程（integration processes）。這些類別之間的邊界通常並不明顯，因為大多數的整合用例都有業務動機。這就是為什麼在本書中沒有把「整合流程」作為單獨的一個類別來討論。取而代之，第 3 章的「模型還是程式碼？」將告訴你，許多技術細節最終會出現在一般的程式碼中，而不是在流程模型中，第 10 章的「把（整合）邏輯擷取至一個子流程」將解說如何將流程模型的某些部分提取到子模型（child models）中。這能讓你把技術細節推展到另一個層次的精細度（granularity），這有助於保持業務流程的可理解性。

此外，你會注意到，我使用了流程（process）和工作流程（workflow）這兩個術語。說實話，對於流程自動化和工作流程自動化之間的區別，沒有一致同意的共通理解。許多人交替使用這些術語。其他人則不這麼認為，他們認為業務流程（business processes）更具策略性（strategic），而工作流程（workflows）則是更具戰術性（tactical）的人為造物；因此，只有工作流程可以在工作流程引擎上建模和執行。同樣地，流程模型（process models）也可以被稱為工作流程模型（workflow models）；某些標準使用一個術語，而另一些則使用另一個術語。兩者都沒有對錯之分。

我經常建議將術語調整為在你的環境中適用的任何術語。然而，對於這本書，我不得不做出抉擇，而我單純採用了我覺得最舒服的那種。作為一個經驗法則：

- 業務流程自動化是你想要達成的東西（*what*）。它是目標，是業務人員關心的東西。在大多數情況下，我將使用流程（*process* 或「業務流程」，*business process*）這個術語。

- 當我談論到工具時，我使用術語工作流程（*workflow*），這關於流程如何（*how*）真正自動化。因此，舉例來說，我會談論工作流程引擎，即使這講的是將流程模型自動化。

在現實生活中，我有時會調整這些規則。例如，與技術人員討論實作時，我可能更喜歡使用工作流程、工作流程引擎，有時甚至是協調引擎（*orchestration engine*）或 *Saga* 這類術語，取決於上下文（當你更深入本書後，你就會理解後面的那些術語）。


# 業務與 IT 協作

業務的利害關係者（business stakeholders）和 IT 專業人士的協作對於現代企業的成功至關緊要。業務的利害關係者了解組織、市場、產品、策略和每個專案的商業案例。他們可以將所有的這些轉化為需求、功能和優先順序。另一方面，IT 部門則了解現有的 IT 環境和組織，包括限制因素和機會，以及需要付出的努力和可用性。唯有透過合作，才能「雙贏」。

遺憾的是，不同的角色往往使用不同的語言。不是字面上的意思，因為兩者都可能是用英語交流，差異在於他們措辭和理解事物的方式上。

把業務流程放在這種溝通的中心位置是有幫助的。這使人們更容易在更大的背景之下理解需求，並避免了單獨討論功能時可能產生的誤解。

視覺化的流程模型促進了這種對話，特別是當它們能被業務和 IT 部門理解的時候。我見過的所有高效率的需求研討會都是由來自業務以及 IT 部門的人所組成的。

一個常見的例子是，業務人員低估了需求的複雜性，但同時也錯過了簡單的選擇。一個典型的對話是這樣的：

> 業務：「為什麼實作這個小按鈕要花這麼多工夫？」
>
> IT：「因為我們必須解開舊有軟體中的一個巨大的結才有辦法實作它！為什麼我們不單純在這裡做個改變來達到相同的結果呢？」
>
> 業務：「什麼？等等，我們可以在那邊做出變更嗎？我們原以為那是不可能的。」

有了正確的心態和良好的合作文化，你們不僅會進步得更快，而且最終會有更好的解決方案和更快樂的人員。流程自動化，特別是視覺化的流程模型將有所幫助。第 10 章會更詳細地說明這一點。

# 驅動業務的要素以及流程自動化的價值

企業應用流程自動化是為了：

- 創造更好的客戶體驗。
- 更快進入市場（透過變更過或全新的流程、產品或商業模式）。
- 提高業務敏捷性（agility）。
- 推動營運成本的節約。

這可以藉由流程自動化所蘊含的可能性來達成：提高可見性（visibility）、效率、成本效益、品質、信心、業務敏捷性和規模。讓我們簡短看一下其中的一些內容。

業務流程為業務的利害關係者提供直接的可見性。舉例來說，業務人員關心任務的順序，例如確保在發貨前已收取付款，或知道處理付款失敗的方案是什麼。需要這些資訊才能真正了解企業目前的運作情況和表現。流程自動化平台提供的資料所帶來的洞察力讓我們得以採取行動因應，這也是流程最佳化（process optimizations）的基礎。

企業關心其自動化流程的效率和成本效益，以及品質和信心。線上零售商可能希望減少其訂單履行流程的週期時間，這意味著客戶在點擊訂購按鈕後能儘快收到包裹。當然，零售商也不希望有任何的訂單從系統的縫隙中遺漏，那不僅使他們錯過一次銷售機會，也會使客戶感到不高興。

一些商業模式甚至仰賴於流程完全自動化的可能性；這對公司賺錢，或以預期的速度儘快提供回應，或擴大業務規模來說，都很重要。

業務敏捷性是另一個重要的驅力。IT 技術的發展速度太快了，很難真的正確預測任何趨勢，所以公司必須建立能夠對變化做出反應的系統。正如一家保險公司的 CIO 最近對我說的：「我們不知道明天會需要什麼。但我們確實知道我們會需要一些東西。所以我們必須能夠快速行動！」專注於建立系統和架構，使其易於適應變化，對許多企業的生存至關緊要。流程自動化是重要的一部分，因為它使人們更容易了解目前的流程是如何實作的，以深入到圍繞著變化的討論中，並加以實作。

# 不是你父母那一代的流程自動化工具

如果流程自動化和工作流程引擎是解決某些問題的絕佳辦法，為什麼不是每個人都採用它們？當然，有些人單純只是不知道它們的存在。但更多時候，人們若不是在以前有過不好的工具體驗，就是對工作流程（workflow）或流程自動化（process automation）這樣的術語只有模糊的印象，認為它們與老式的文件流程（document flows）或專用的工具套件有關，而他們認為那些並不會有什麼幫助。劇透一下：這些都是錯的！

為了克服這些誤解，了解歷史和過去的失敗是好方法。這會使你解放思想，採取現代化的方式思考流程自動化。

# 流程自動化簡史

專用的流程自動化技術之根源可以追溯到 1990 年前後，當時基於紙本的流程開始由文件管理系統（document management systems）所指引。在這些系統中，一份實體或數位文件是所謂的「token」（這個概念我們會在第 3 章詳細討論），而工作流程則是以那份文件為中心來定義的。因此，舉例來說，開立銀行帳戶的申請表單會被掃描，並自動轉移到需要處理它的人手中。

你仍然可以在現實生活中發現這些以文件為基礎的系統。我最近看到一個工具被用來創建大量的幻影 PDF 文件（phantom PDF documents），只是為了能夠啟動某些工作流程實體（workflow instances），因為這些實體並非是以真實的物理文件為基礎。

這類系統進一步發展為以人類任務的管理為中心的人類工作流程管理工具（human workflow management tools）。它們在 2000 年左右達到巔峰。有了這些工具，你不需要以文件來啟動一個工作流程。但是，這些系統仍然是為了協調人類而建立的，並非是為了整合軟體。

然後，也是在 2000 年前後，服務導向的架構（service-oriented architecture，SOA）出現了，作為大型單體生態系統（monolithic ecosystems）的替代方案，其中傳統的企業應用程式整合（enterprise application integration，EAI）工具負責進行點對點的整合。其理念是將功能性分解為服務，並以一種或多或少標準化的方式供應給企業，以便其他人可以輕易地運用它們。SOA 的一個基本思想是，重複使用這些服務，從而減少開發的工作量。然後混合工具（hybrid tools）出現了：包括根植於 SOA 但增加了人類任務能力的工具，以及新增了整合能力的人類工作流程產品。

大約在同一時間，業務流程管理（business process management，BPM）作為一門學科逐漸受到重視，不僅考慮到了這些技術和工具，還考量了以建立規模可擴充的組織（scalable organizations）和業務流程重組（business process reengineering，BPR）為中心的經驗教訓。

圖 1-6 概述了這些發展。

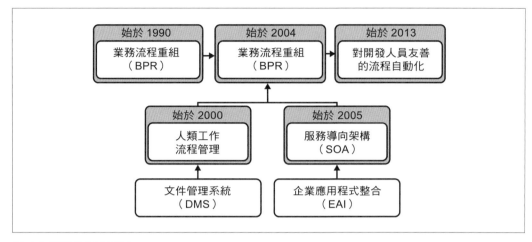

圖 1-6 學科的歷史發展

在 BPM 和 SOA 時代，流程自動化是一個被過度炒作的話題。不幸的是，由於以下原因，它們有著一些重大缺陷，導致了許多人的失望。BPM 太過與開發人員脫節，工具幾乎全由供應商推動、太過集中化，而且太過專注於低程式碼（low code）。讓我解釋一下。

## 象牙塔中的 BPM

BPM 作為一門學科，包括發現、建模（model）、分析、測量、改良、最佳化和自動化業務流程的方法。在這個意義上，它是一個非常廣泛的主題。遺憾的是，許多 BPM 計畫與 IT 過於脫節。在很長一段時間裡，做 BPM 的人都是在孤軍奮戰，沒有考慮到在給定的 IT 基礎設施中，流程是如何真正被自動化的。這所產生的是，在現實生活中無法運作的流程模型，但這些模型卻被交給了 IT 部門來「簡單地」實作。不出所料，這並沒有很好地發揮作用。

## 集中式的 SOA 和 ESB

在一個不幸的時間點上，SOA 與非常複雜的技術，例如 SOAP（Simple Object Access Protocol）的蓬勃發展期相碰撞，這使得任何開發團隊都難以提供或運用任何其他服務。這就為工具供應商開啟了空間。由於 SOA 的計畫通常是非常中央化的組織和管理，這就把大型供應商帶入了遊戲中，他們銷售非常昂貴的中介軟體（middleware），以自上而下（top-down）的方式放置在許多公司的中心。這種工具被稱為企業服務匯流排（enterprise service bus，ESB），其核心是一種訊息傳遞系統（messaging system），周圍附有多種工具來連接服務或轉換資料。

從今天的角度來回顧 SOA，很容易發現一些缺點。

## 集中化

SOA 和 ESB 工具通常被安裝為集中式系統（centralized systems），並由他們自己的團隊來操作。這在很大程度上導致了這樣的情況：你不僅要實作並部署你自己的服務，還要與 SOA 團隊互動，將額外的配置（configuration）部署到這些工具中，這造成了很多摩擦。

## 與開發流程格格不入

這些工具打斷了開發工作流程，使得自動化測試（automated testing）或持續整合 / 持續交付（continuous integration/continuous delivery，CI/CD）管線無法實作。許多工具甚至不允許進行自動測試或部署。

## 由供應商驅動

供應商超越了業界，在最佳實踐方式存在之前就銷售產品，這迫使許多公司採用根本不可行的做法。

## 混合的基礎設施和業務邏輯

常見的情況是，重要的業務邏輯最終出現在部署於中介軟體之上的繞送程序（routing procedures）中，使其沒有明確的所有權或責任歸屬。不同的團隊實作了不同面向的邏輯，但實際上這些邏輯最好放在同一個地方。

但這與流程自動化有什麼關係呢？很好的問題！ SOA 通常與 BPM 套件一起出現。

## 被誤導的 BPM 套件

BPM 套件是獨立的工具，其核心包括一個工作流程引擎，周圍還有一些工具。就跟 ESB 一樣，這些套件是由供應商驅動的。它們被部署為集中式工具，由上至下引入。在這些環境中，有一個中央團隊會負責平台，而這個團隊往往是唯一能夠進行部署的團隊。這種對單一團隊的依賴關係導致了很多問題。

值得一提的是，BPM 套件出現的時候，大多數公司還在物理硬體上執行軟體，當時自動化的部署管線（automated deployment pipelines）還沒有真正成形。

# 低程式碼的限制

BPM 套件是以零程式碼（*zero code*）的承諾出現的，後來被重新命名為低程式碼（*low code*）。背後的想法很簡單，因為它對業務利害關係者很有吸引力：在沒有 IT 參與的情況下開發流程，讓非技術人員得以創建一個可執行的流程模型，無需編寫程式碼。

低程式碼的做法涉及重量級的工具，才能讓這些非開發人員透過拖放預建元素的方式來建構流程。複雜的精靈（wizard）讓使用者能夠對其進行配置，因此有可能在不編寫任何原始碼的情況下建置解決方案。

這種做法仍然被顧問公司和 BPM 供應商當作理想的賣點，而低程式碼做法確實有其優點。目前，開發人員短缺，所以許多公司根本就沒有資源去進行他們所期望的正規軟體專案。不太懂技術的人（被 Gartner（*https://oreil.ly/ZNfej*）稱作 *citizen developers*，即平民開發人員）開始從事軟體專案工作，因此需要這些低程式碼的方法。

但是，雖然低程式碼方法對於相對簡單的流程可能有效，但在處理複雜的業務流程或整合情境時，肯定會有所不足。我經常發現的是，低程式碼產品並沒有兌現它們的承諾，而不太懂技術的平民開發者也無法自行實作核心流程。因此，公司不得不回到他們的 IT 部門，要求他們指派專業的軟體開發人員來完成這項工作。然後，這些軟體開發人員就得學習一種專屬的、供應商特有的應用程式開發方式。發展這種技能需要很長的時間，而且這經常是一個令人沮喪的體驗。結果就是，企業內部缺乏足夠熟練的軟體開發人員，這迫使企業尋找外部資源。

這些外部資源是與 BPM 供應商合作的系統整合商（system integrators），提供由該供應商認證的顧問。通常，這些顧問要麼是不像所承諾的那般有技能，要麼就是太貴，或者單純找不到人，這些情況往往同時發生。

此外：

- 你無法使用業界的最佳實務做法來開發軟體解決方案，例如自動化的測試或你進行整合或製作使用者介面可能需要的框架（frameworks）。你只能做供應商所預見的事情，因為很難或甚至不可能突破預先設想的路徑。

- 你經常被阻擋在開放原始碼或社群驅動的知識與工具之外。例如，你沒辦法從 GitHub 取得程式碼範例，而是得觀看一個教學影片，了解如何使用專有的精靈來引導你運用低程式碼介面。

- 這些工具通常非常重量級，無法輕易在現代虛擬化（virtualized）或雲端原生（cloud native）的架構上執行。

這些不幸的因素導致很多公司放棄了流程自動化工具，儘管不是所有的方法都涉及這種類型的專有軟體或低程式碼開發方式。

 與其用低程式碼流程自動化來取代軟體開發，不如把重點放在結合軟體開發和流程自動化！

重要的是要明白，敏捷性（agility）不是來自於在沒有開發人員的幫助下實作流程，而是透過運用不同利害關係者都能理解和討論的圖形模型。

只要你能把流程自動化和「一般」的軟體開發實務結合起來，你就能提升開發效率和品質，能讓一般的開發人員從事這些工作，你就有一整套現有的解決方案可以幫助你解決各式各樣的問題。此外，工作流程供應商可能會預先建置對某些整合的支持，這有助於減少建構解決方案所需的努力。

## 擺脫老式的 BPM 套件

好消息是，現在有很多真正有用的輕量化工作流程引擎，它們能很好地與典型的開發實務做整合，並解決常見的問題。

這種新一代的工具通常是開源（open source）的，或是以雲端服務（cloud services）的形式提供。它們以開發者為目標對象，支援他們應對本章前面描述過的挑戰。它們提供了真正的價值，幫助我們的業界向前發展。

# Camunda 的故事

我總是喜歡用我共同創立的公司作為支持這整個發展的故事。Camunda 是一家供應商，正如現在的市場行銷所言，它重新發明了流程自動化。正如序言中提到的，這本書不會成為該公司的行銷載具，但它的故事可以幫助你了解這個市場的發展。

我和我的共同創辦人在 2008 年創立了 Camunda，作為一家以流程自動化為中心，提供諮詢服務的公司。我們舉辦了大量的研討會和培訓課程，因此和數以千計的客戶有聯繫。

這與舊有的 BPM 和 SOA 理念與工具的高峰期相重疊。我們能夠觀察到各種工具在不同公司的使用情況。共通的主題是，它們並不奏效，而且不難找出原因所在。我在本章前面描述了那些原因：這些工具是集中式的、複雜的、低程式碼的、由供應商驅動的。

所以我們開始實驗當時可用的開源框架。它們更接近開發人員，但它們也無法解決問題，主要是因為它們太基本了，缺乏重要的功能，而且需要花費太多精力在它們周圍建立出自己的工具系統。

同時，我們合作開發了 BPMN（Business Process Model and Notation，業務流程模型與記號）標準，此標準定義了一種視覺化但也可直接執行的流程建模語言（process modeling language）。

我們看到了一個巨大的機會：建立一個開源的工作流程引擎，對開發者友善並透過 BPMN 的使用來促進業務與 IT 之間的協作。

我們與客戶一起驗證了這一想法，並很快做出決定，與公司一起轉向：2013 年，我們將 Camunda 從一家諮詢公司轉變為一家開源的流程自動化供應商。我們的工具與當時常見的低程式碼 BPM 套件完全相反。

今日，Camunda 發展迅速，擁有數百個付費客戶和無數的社群使用者。許多大組織信任我們的願景，甚至在他們整個公司中取代了大供應商的工具。我們在全球範圍內加速成長，因為流程自動化工具有強烈的需求。這是由數位化和自動程式以及朝向更精細的元件和微服務發展的趨勢所推動的，這些都需要進行協調。簡而言之：我們發展得非常好。

從技術上來說，Camunda 工作流程引擎的工程設計與 2013 年的應用程式之設計方式相同。它基本上是一個用 Java 建構的程式庫（library），使用關聯式資料庫（relational database）來儲存狀態。此引擎可以嵌入到你自己的 Java 應用程式中，或是單獨執行，提供一個 REST API。當然，還有一些額外的工具用於建模或流程操作。

這種架構讓 Camunda 能提供很好的服務，可以處理當今大部分的效能和可擴充性需求。儘管如此，幾年前我們以一種完全不同的架構開發了一個新的工作流程引擎，在今日，它可以最恰當的被描述為雲端原生（cloud native）的。這個工作流程引擎是平行開發的，並支援 Camunda Cloud 中所提供的託管服務（managed service）。由於它的規模可以無限擴充，這使得工作流程引擎可以在更多的情境下使用，這也是我們長期以來的一個願景。

# 結論

正如本章所示，流程自動化是數位化工作的核心。這使得工作流程引擎成為現代架構中的重要組成元件。幸運的是，我們今天有很好的技術可用，這與老式的 BPM 套件有很大的不同，不僅對開發者友善，而且還有很高的效能與規模可擴充性。

工作流程引擎解決了以狀態處理為中心的問題，並能讓你建立和執行圖形化的流程模型，以實現流程控制的自動化。這可以幫助你避免狂野西部整合（Wild West integration），並在流程自動化時促進業務與 IT 的協作。你在此看到了流程模型的第一個例子，直接在工作流程引擎上執行；這一點將在下一章進一步說明。

# 第一部

# 基礎

本書的這一部分將培養人們對以工作流程引擎實現的流程自動化之一般理解:

**第 2 章**

本章介紹工作流程引擎以及在這種引擎上執行流程模型的實踐案例。

**第 3 章**

本章回答的實務問題是關於如何實作可執行的流程(executable processes),並將其與你應用程式的其他部分連接起來。這將使你對流程自動化在現實生活中的作用有堅實的了解。

**第 4 章**

在這裡,你將深入了解可應用流程自動化的各種用例,其中包括人類、機器人(bots)、軟體和決策之間的協調(orchestration)。這應該可以讓你對流程自動化在你環境中的適用性,以及哪些專案符合運用它的條件,有很好的概念。請注意,第 9 章將探討工作流程引擎的進一步用例,即如何應用它們來解決分散式系統中的某些挑戰。

**第 5 章**

作為對基礎知識的總結,本章會向你介紹為什麼工作流程引擎和 BPMN 是將流程自動化的最佳選擇。你還會讀到其他替代的實作方法和流程建模語言。

# 工作流程引擎與 流程解決方案

在對流程自動化的一般介紹之後，本章將會：

- 介紹工作流程引擎（workflow engines）和流程解決方案（process solutions）
- 展示一個可執行的實務範例，使事情具體一點
- 探討開發人員在使用流程自動化平台時的經驗

## 工作流程引擎

正如你在介紹中所看到的，工作流程引擎是自動化長時間執行的流程（long-running process）的流程控制之關鍵元件。

如果你想知道為什麼要使用工作流程引擎而不是寫定的流程（hardcoding processes）或使用批次處理（batch processing）或資料串流（data streams），你可能會想先看一下第 5 章的「其他實作選項的限制」。

## 核心能力

工作流程引擎的核心技術能力有：

**耐久的狀態（續存性）**

引擎會對所有正在執行的流程實體（process instances）進行追蹤，包括它們的當前狀態（current state）和歷史稽核資料（historical audit data）。雖然這聽起來很容易，但耐久狀態（durable state）的處理仍然是一種挑戰，特別是大規模的。它還會立即觸發以理解目前狀態為中心的後續需求，這意味著你將需要營運工具（operations tooling）。一個工作流程引擎也需要管理交易（transactions），例如，處理對同一流程實體的共時存取（concurrent access）。

**排程（*Scheduling*）**

工作流程引擎需要追蹤記錄時間，如果一個流程卡得太久，可能需要向上呈報（escalate）。因此，必須有一個排程機制，讓引擎在需要做什麼的時候就能開始動作。這也能讓我們在出現臨時錯誤的情況下重試任務。

**版本管理（*Versioning*）**

擁有長時間執行的流程，也就意味著，不會有任何的時間點沒有流程實體在執行。記住，在這種情況下，「執行（running）」實際上代表等待（waiting）。每當你想對一個流程進行修改，譬如添加另一個任務，你就得考慮到目前正在執行的所有實體。大多數的工作流程引擎都同時支援某種流程定義（process definition）的多個版本。好的工具能讓我們以可自動化且可測試的方式，將實體遷移到新版本的流程定義。

這些核心功能在圖 2-1 中以視覺化的方式呈現。

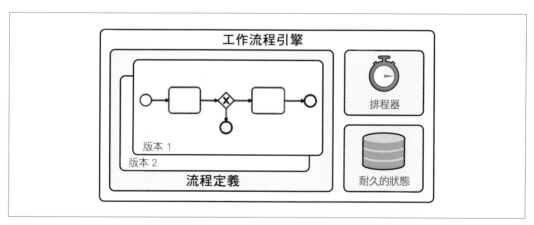

圖 2-1　工作流程引擎是一個擅長等待和排程的狀態機（state machine）

工作流程引擎的使用消除了自行儲存狀態、利用自訂的排程機制，最終建立自己的工作流程引擎之負擔，如第 1 章的「狂野西部整合」中所述。

當然，這是有取捨的。使用工作流程引擎的主要缺點是，你在你的技術堆疊中引入了另一個元件，這從來都不是免費的。舉例來說，你就得挑選一個工具，學習如何使用它，並勾勒出能運用它的一個架構。

典型的情況下，這種最初的投資相當早就會得到回報，但當然這在很大程度上取決於你的情境。在本書的這個地方，討論何時使用工作流程引擎是有意義的，還為時過早，你首先得了解這些工具的運作方式，以及它們如何影響你的架構，我們將在第 6 章的「何時要用工作流程引擎」中再討論這個問題。可以先透露一點給你知道，投資的報酬也取決於你的投資，學習曲線平穩的輕量化工具就已經有助於解決「較小」的問題了。你可以相對快速地學會這類工具，並開始執行。

 不同的工作流程引擎有不同的架構和資源需求。現代工作流程引擎往往是非常輕量化的，與你現有的架構、開發者經驗以及 CI/CD 管線都能整合得很好。在雲端上也有託管服務可用。有些工作流程引擎可以橫向擴充，因此可用於高負載的情境，例如延遲時間很重要的交易用例、具有龐大吞吐量的電信用例，或需要掌握高峰值負載情況的零售用例。

## 工作流程平台的額外功能

除了這些核心功能外，大多數的工作流程引擎還提供額外的功能。好的工具會讓這些功能成為選擇性（optional）的或可插拔（pluggable）的，這使你有能力決定是否想要一個超級精簡的工作流程引擎，或是否想要利用一些額外的工具。你也可以隨著時間的推移，在你看到需求的時候，採用更多的功能。

典型的附加功能有：

可見性（*Visibility*）

流程模型可以透過相對簡單的視覺化方法或強大的圖形語言（在第 5 章的「流程建模語言」中有詳細討論）以圖形方式表達。流程的實作方式具備可見性，有利於溝通，對不同的角色也有幫助，從開發人員（「去年我是如何實作這個的？」）到操作人員（「那個事件發生之前進行的是什麼任務？」）到業務利害關係者（「目前流程是如何實作的？我們可以改善這個嗎？」）。

稽核資料（*Audit data*）

工作流程引擎寫入了很多關於正在發生的事情的稽核資料，包括時間戳記（例如，一個流程實體何時開始，何時結束）、任務資訊（某個任務何時進入，需要重試的頻率等），以及有任何事件發生時的細節。這些資料在營運過程中是非常有價值的；例如用於識別和了解當前的故障情況，以及估算整體效能，以改善流程本身。稽核資料也可用於業務儀錶板（business dashboards），以提供有關正在進行的工作、處理成本等的透明度（transparency）。

工具（*Tooling*）

大多數工具堆疊（tool stacks）不僅提供核心引擎，而且還提供用於圖形建模、技術操作或業務監控的工具。本章後面的「專案生命週期中典型的工作流程工具」將對此進行更詳細的介紹。

## 架構

執行工作流程引擎本身有兩種基本選擇，如圖 2-2 所示。

- 工作流程引擎是作為一個服務（service）來執行的，這意味著它是一個自成一體的獨立應用程式，與你的業務應用程式彼此分離。這意味著，你的業務應用程式會與工作流程引擎進行遠端對話。

- 工作流程引擎被內嵌為一個程式庫（library），因此作為你自己應用程式的一部分執行。

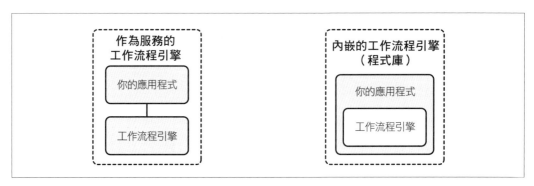

圖 2-2　使用工作流程引擎的業務應用程式的典型架構

將工作流程引擎作為一種服務使用，應該被認為是現在的預設做法。這允許你將你應用程式碼與工作流程引擎隔離開來，這可以消除很多問題。在處理以嵌入式引擎為中心的支援案例時，往往需要花費大量精力來弄清楚客戶是如何嵌入工作流程引擎的，以及那如何導致了所述問題發生。

作為額外獎勵，將工作流程引擎當作服務來執行，能讓你以不同的程式語言使用它。現代的環境讓你很容易就能啟動這樣的工作流程引擎，例如透過 Docker，或將其作為雲端服務來使用。

在內部，工作流程引擎本身實作了排程（scheduling）、執行緒處理（thread handling）和續存（persistence）。這就是產品之間的巨大差異所在。舉例來說，假設工作流程引擎使用一個關聯式資料庫（relational database）來儲存狀態。如圖 2-3 所示，該工作流程引擎保留了所有流程定義和所有流程實體的記錄。每當一個流程實體推進時，狀態就會被更新。

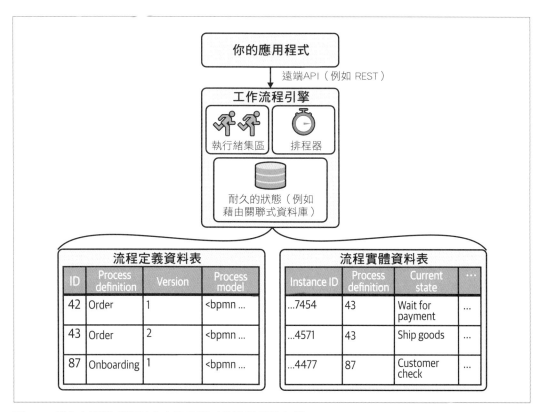

圖 2-3 續存在關聯式資料庫中的典型工作流程引擎架構

有些工作流程引擎使用關聯式資料庫以外的東西來儲存狀態；舉例來說，它們可能使用一種更為事件溯源（event-sourced）的做法。這使得規模的擴充性能超越關聯式資料庫的限制，這讓現代引擎可以橫向擴充，或支援高吞吐量（high-throughput）、低延遲時間（low-latency）或即時（real-time）的應用程式。作為工作流程引擎的使用者，狀態的儲存方式不是你的問題，但你當然需要了解那會如何影響你。如果用的是關聯式資料庫，就必須知道支援的是哪些產品，因為你需要操作並營運那個資料庫。若使用其他的狀態處理方法，它們可能會提出自己的需求，必須去了解與確認。

一個常見的混淆來源是執行緒。當我在工作流程引擎的情境之下使用等待（*waiting*）或長時間執行（*long-running*）這些術語時，我並不是說工作流程引擎的執行緒被阻斷，等候著某些事情的發生。取而代之，工作流程引擎會將當前的狀態儲存在續存的資料庫（persistent database）中。然後，它就完成了；它回傳該執行緒，並且什麼也不做。

但是，由於流程實體的狀態只要它還在執行中，就會一直保存在資料庫中，所以流程實體在邏輯上會等待一些事情發生；某些事件會導致工作流程引擎再次從資料庫中載入狀態並恢復處理。這可能是使用者按下一個按鈕，從而在工作流程引擎上產生一個 API 呼叫，完成相應的任務。這也可以是引擎的排程器喚醒一個流程實體，因為某些計時器事件（timer event）已經到期。

# 一個流程解決方案

流程模型（process model）只是將一個流程自動化的其中一塊拼圖。你還需要實作額外的邏輯，典型的例子有：

- 連線能力（connectivity），例如，呼叫 REST 端點或發送 AMQP 訊息
- 資料的處理和轉換（transformation）
- 決定在一個流程模型中採取哪個路徑

核心工作流程引擎不負責處理這些面向，即使大多數供應商會提供一些開箱即用（out-of-the-box）的協助。在你想使用的便利功能和你最好遠離的低程式碼功能之間只有一條細微的分界，正如第 1 章的「低程式碼的限制」中所描述的那樣。

在本書中，我假設那些額外的面向大多數都是在開發者可以處理得最好的地方進行處理的，也就是在程式碼中。

因此，舉例來說，與其使用你工作流程引擎的專有連接器（connectors）來實作 HTTP呼叫，不如用 Java、C#、NodeJS 或任何你精通的語言來編寫，這樣可能會更容易。第3 章的「結合流程模型與程式碼」將詳細介紹如何把流程模型和程式碼結合在一起。

這段程式碼在邏輯上是自動化流程的一部分，所以流程模型、這段膠接程式碼（glue code）和潛在的其他人為構造（artefacts），形成了一個流程解決方案（process solution），如圖 2-4 所示。從技術上來說，這可能意味著一個使用 Java 及 Maven、.NET Core 或 NodeJS 的單一專案，或代表一組無伺服器的函式（serverless functions）在邏輯上被捆裝為一個流程解決方案。

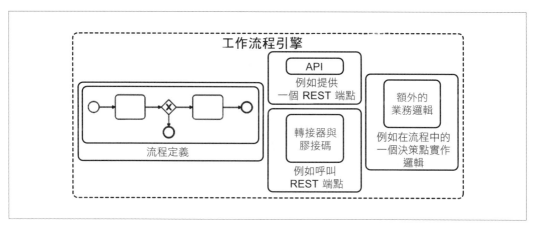

圖 2-4　一個流程解決方案包含實現流程自動化所需的各種人為構造，包括但不限於流程模型

注意到工作流程引擎並不負責儲存業務實體（business entities）。這些資料應該由你的應用程式來儲存，而工作流程引擎通常只是參考它們。因此，雖然從技術上講，它可以在每個流程實體一旁同時儲存資料，但對這種能力的使用應僅限於保存參考（ID）。

# 一個可執行的範例

讓我們透過一個具體的例子來使事情變得更加具體。其原始碼可以在本書的網站上找到
（*https://ProcessAutomationBook.com*）。

在這個例子中，我使用了以下產品堆疊：

- Java 和 Spring Boot

- Maven，所以我的 Maven 專案等同於流程解決方案

- Camunda Cloud，一個雲端上託管的工作流程引擎

這裡說明的許多概念和步驟都可以與其他產品產生關聯，但我得選擇一個具體的堆疊，
以便展示真實的原始碼。

這個例子將會在本書後面被擴充，它是關於一家小型電信公司的新客戶申辦工作。該流
程模型如圖 2-5 所示。

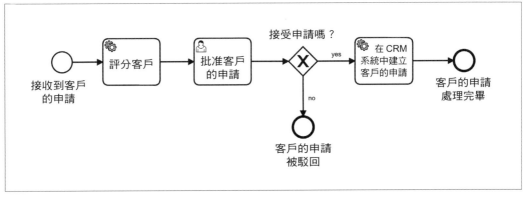

圖 2-5　一家電信公司中新的行動電話用戶申辦的流程

客戶簽訂行動電話契約時，一個新的流程實體會被啟動。這個流程首先使用一些 Java 程式碼為客戶計算出一個分數。這是由一個服務任務（service task）處理的，以齒輪表示。該分數是判斷接受客戶申請與否的決策點之輸入。這個決定是由此電信公司的員工做出的，正如人類圖示所指出的，它明顯不是自動化的。

這個決定的結果影響了流程實體在即將到來的 XOR 閘道（gateway）的路徑，該閘道以帶有 X 的菱形表示。這個閘道是一個決策點（decision point），所以要麼申辦流程實體繼續自動處理新客戶的申請，要麼就結束。當然，在真實的場景中，你會加上更多的一些任務，例如，通知被拒絕的客戶。

讓我們簡短探討一下，為了使這個模型成為現實，你會需要什麼。這並非是從企業擁有的某個模型生成程式碼，而是拿著這個特定的流程模型，並在工作流程引擎上執行它。

客戶申辦的流程會自成一個微服務，帶有一個 REST API，由此開發專案所實作，如圖 2-6 所示，它包含：

- 新申辦（onboarding）的流程模型。使用 BPMN（將在第 3 章的「業務流程模型與記號（BPMN）」中介紹），流程模型單純只是一個 XML 檔，與專案的原始碼儲存在一起。

- 為客戶提供 REST API 的原始碼，這是「普通的 Java」。

- 一些 Java 程式碼來進行客戶的評分（scoring）。

- 實作對 CRM 系統的 REST 呼叫的膠接程式碼。

- 一個表單用以讓使用者批准客戶的申請。

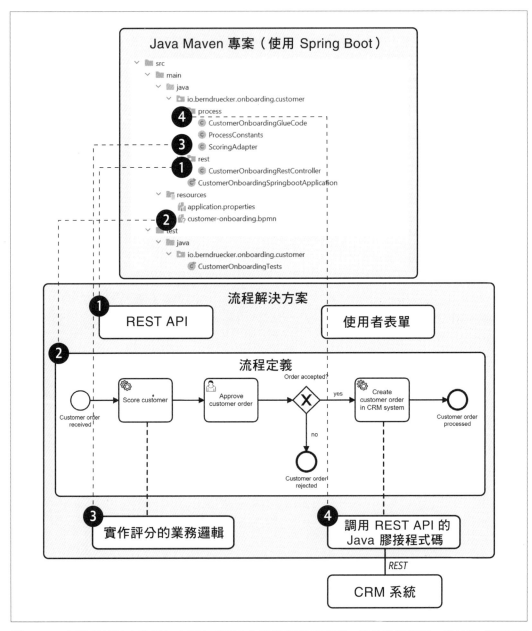

圖 2-6　一個流程解決方案是包含所有重要人為構造的開發專案，像是流程模型、膠接程式碼和測試案例

讓我們看 下使用 Camunda Cloud 的時候，這些部分會是什麼樣子。

首先，流程模型需要被部署到工作流程引擎上。雖然你可以直接透過圖形化建模工具或透過引擎的 API 來完成，但最簡單的方法是掛接（hook）到你微服務的正常部署機制中。在此例中，這就是 Spring Boot 應用程式啟動期間的自動部署（auto-deployment），如下面的程式碼片段所示：

```
@SpringBootApplication
@EnableZeebeClient
@ZeebeDeployment(classPathResources="customer-onboarding.bpmn")
public class CustomerOnboardingSpringbootApplication {
}
```

現在你可以使用工作流程引擎的 API 來創建一個流程的新實體，例如在接收到一個新的 REST 請求的時候：

```
@RestController
public class CustomerOnboardingRestController {

  @Autowired
  private ZeebeClient workflowEngineClient;

@PutMapping("/customer")
public ResponseEntity onboardCustomer() {
  startCustomerOnboardingProcess();
  return ResponseEntity.status(HttpStatus.ACCEPTED).build();
}

public void startCustomerOnboardingProcess() {
  HashMap<String, Object> variables = new HashMap<String, Object>();
  variables.put("automaticProcessing", true);
  variables.put("someInput", "yeah");

  client.newCreateInstanceCommand()
      .bpmnProcessId("customer-onboarding")
      .latestVersion()
      .variables(variables)
      .send().join();
}
```

你可以在本書的網站（*https://ProcessAutomationBook.com*）上找到更精密的程式碼範例，包括如何在申辦流程以毫秒（milliseconds）為單位的時間長度回傳的情況下，回傳一個同步回應（synchronous response）。

在流程模型上，你現在需要添加一個運算式來實作模型中要採取哪條路徑的決策，如圖 2-7 所示。

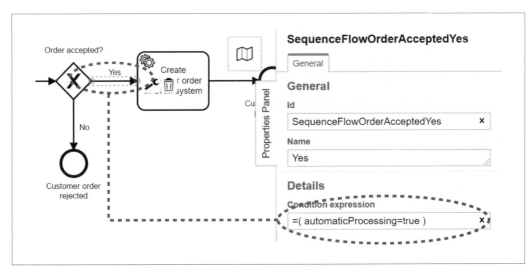

圖 2-7 BPMN 中的閘道（決策點）在輸出的序列流上需要運算式語言

Camunda Cloud 使用 Friendly Enough Expression Language（FEEL），這是一種在決策引擎（decision engines）的背景之下標準化的業務友好運算式語言（business-friendly expression language）。它將在第 4 章的「協調決策」中描述。在這個例子中，其中的運算式單純只是檢查一個流程變數（process variable），即 automaticProcessing。如果它是 true，流程就繼續在「Yes」的路徑上進行。

然後你得定義你的膠接程式碼（glue code），如下列程式碼片段所示：

```
@Component
public class CustomerOnboardingGlueCode {

@Autowired
private RestTemplate restTemplate;

@ZeebeWorker(type = "addCustomerToCrm")
public void addCustomerToCrmViaREST(JobClient client, ActivatedJob job) {
```

```
log.info("Add customer to CRM via REST [" + job + "]");

// TODO：一些真正的邏輯用以建立請求
restTemplate.put(ENDPOINT, request);
// TODO：一些真正的邏輯用以處理回應

// 讓工作流程引擎知道任務完成
client.newCompleteCommand(job.getKey()).send().join();
    }
}
```

這段程式碼需要被連接到流程模型。在 Camunda Cloud 中，那麼做的方法是透過邏輯任
務名稱（logical task names），如圖 2-8 所示。

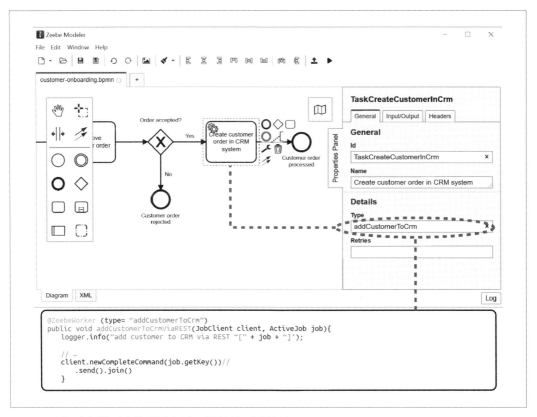

圖 2-8　一個流程模型中的服務任務可被連接到原始碼

為了啟動微服務，你需要發動並執行工作流程引擎。就 Camunda Cloud 而言，這意味著你會透過可供線上（*https://console.cloud.camunda.io*）取用的雲端主控台（cloud console）創建一個新的「Zeebe 叢集（Zeebe cluster）」。Zeebe 是推動 Camunda Cloud 的工作流程引擎之名稱。

你會接收到連線細節，你需要將其添加到你的應用程式組態（application configuration）中，在我們的例子中，那就是一個叫作 *application.properties* 的檔案。Spring 能讓你輕鬆地覆寫這些連線細節，例如透過環境特性（environment properties），以後你想在生產環境中執行應用程式時，這會很方便。

啟動這個 Java Spring Boot 應用程式後，你能以你所選的 REST 客戶端（例如 cURL）來調用其 REST API：

```
curl -X PUT
    -H "Content-Type: application/json"
    -d '{"someVariable":"someValue"}'
    http://localhost:8080/customer
```

這將執行前面顯示的 REST 程式碼，在工作流程引擎中啟動一個新的流程實體。了解工作流程引擎本質的一個好方法是，看一下其操作工具。圖 2-9 給出了一個例子，顯示了剛剛啟動的流程實體以及關於該實體的可用資料。

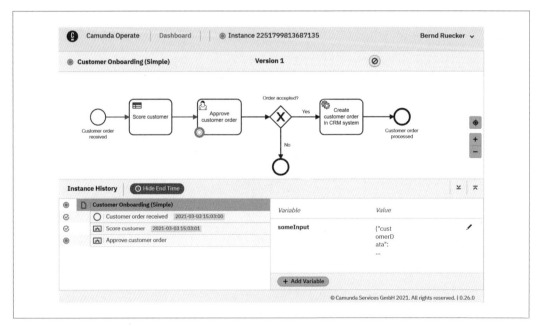

圖 2-9 操作工具能讓你發現、分析和解決與流程有關的技術問題

流程模型是原始碼，實作了業務邏輯的重要部分，所以你應該像測試業務邏輯的其他部分一樣測試它。在 Java 中，這意味著使用 JUnit 編寫單元測試（unit tests）。在本文寫作之時，斷言（assertion）API 仍在變化中，所以請查看本書的網站，了解最新的原始碼。它看起來會像下面這樣：

```
@Test
void testHappyPath() throws Exception {
  // 模擬一個送入的 REST 呼叫，這會啟動一個新的流程實體
  customerOnboardingRest.onboardCustomer();

  // 斷言一個流程已啟動
  ProcessInstanceEvent pi = assertProcessInstanceStarted();

  // 斷言有一個用於評分的 job（工作流程引擎的發佈 / 訂閱機制）
  // 已創建出來
  RecordedJob job = assertJob(pi, "scoreCustomer");
  assertEquals("TaskScoreCustomer", job.getBpmnElementTd());
  assertEquals("customer-scoring", job.getBpmnProcessId());

  // 並完成此任務，執行一些虛構的邏輯，而非真正的轉接器
  execute(job, new JobHandler() {
    public handle(JobClient client, ActivatedJob job) {
      // 執行一些虛構的行為，而非真正的 Java 程式碼
    }
  });

  // 驗證人類任務已經創建
  RecordedHumanTask task = assertHumanTask(pi);
  assertEquals("TaskApproveCustomerOrder", task.getBpmnElementId());
  // ... 或許做出更多的斷言 ...
  // 並模擬它已被批准而完成
  Map variables = new HashMap();
  variables.put("automaticProcessing", true);
  complete(task, variables);

  // 斷言用於對 CRM 系統的呼叫的下一個 job 已創建出來
  job = assertJob(pi, "create");
  assertEquals("TaskCreateCustomerInCrm", job.getBpmnElementId());
  // 並以正常的行為觸發它的執行
  execute(job);
  // 一個模擬的 REST 伺服器（mock rest server）已經由 Spring 注入到膠接程式碼中，
  // 所以我們可以驗證正確的請求已被送出
  mockRestServer
    .expect(requestTo("http://localhost:8080/crm/customer")) //
```

```
        .andExpect(method(HttpMethod.PUT))
        .andRespond(withSuccess("{\"transactionId\": \"12345\"}",
                            MediaType.APPLICATION_JSON));
    assertEnded(pi);
  }
```

這個流程解決方案的行為就像一個普通的 Java Spring Boot 專案。你可以把它 check-in 到你一般的版本控制系統（version control system）中，並使用你正常的 CI/CD 管線來建置它，就像任何其他 Java 專案一樣。舉例來說，這個例子的原始碼就在 GitHub 中，並由 TravisCI 持續建置。

完整的原始碼可以在網上找到，我建議你拿來把玩一番，因為這將有助於你對工作流程引擎有更好的基本了解，以便接下來的討論。

# 應用程式、流程與工作流程引擎

有個典型的問題是關於應用程式、工作流程引擎、流程定義和流程實體之間的關係。

如果你把工作流程引擎作為一種服務使用，你可以在該工作流程引擎上部署許多流程定義。對於每個流程定義，你可以執行零到多個流程實體。你也可以從許多不同的應用程式或微服務使用該工作流程引擎。

所有的這些都可以與安裝好的資料庫相媲美，你能夠創建多個資料表，並將許多不同的應用程式連接到它們。

然而，為不同的應用程式使用單獨的工作流程引擎可能是明智之舉，因為這樣可以提高隔離程度。特別是，如果你採用的是微服務，這就是要走的路，正如第 6 章「分散式的引擎」中所描述的那樣。

舉例來說，負責訂單履行的團隊可能操作一個工作流程引擎，他們不會與負責支付的團隊共用這個引擎，因為他們會希望與支付團隊所做的任何事情隔離開來，但他們不僅會將訂單履行應用程式（order fulfillment application）連接到那個引擎，而且也會把訂單取消應用程式（order cancellation application）連接到該引擎。兩個應用程式都部署了自己的流程定義。這個例子在圖 2-10 中以視覺化的方式呈現。

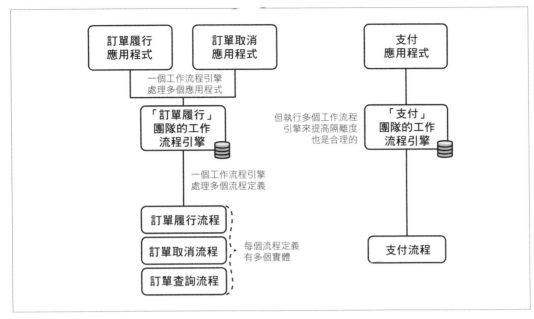

圖 2-10 應用程式、工作流程引擎、流程定義和實體的數量（cardinality）摘要

# 專案生命週期中典型的工作流程工具

大多數工作流程引擎都附有一些工具，可以幫助你充分利用流程自動化的潛力。圖 2-11 顯示了一個典型的堆疊，它可能由你的供應商作為一個整合式的平台來提供。它包括下列工具：

- 圖形化流程建模器（graphical process modeler）

- 協作工具（collaboration tool）

- 操作工具（operations tooling）

- 任務清單應用程式（tasklist application）

- 業務監控和報告（business monitoring and reporting）

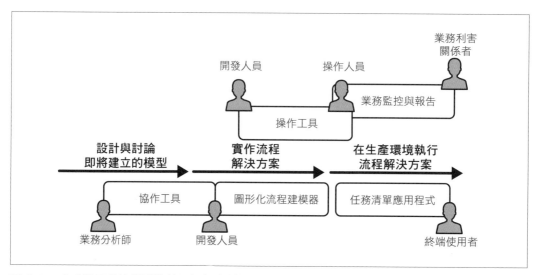

圖 2-11  大多數工作流程引擎的兩側都有其他工具,這些工具在專案生命週期的不同階段,對不同的利害關係者可能是有價值的。

讓我們簡短介紹一下這些工具,看看它們在流程自動化專案中是如何使用的。請注意,好的工具允許你對平台進行分拆(unbundle),這樣你就不會被迫使用一大堆工具,而是可以選擇真正有助於你的工具。

## 圖形化流程建模器

圖形化流程建模器能讓你,嗯,沒錯,就是對你的流程進行圖形化建模。圖 2-12 顯示了一個例子。

雖然圖形化建模工具對業務分析師來說可能是一種有價值的工具,但本書的重點是可執行的流程(executable processes),所以我們會把建模工具當作開發人員的工具。這一點,有些工具做得很好,有些則不然。

舉例來說,建模器應該能夠在你的本地檔案系統中工作,允許你將流程模型與你有版本控制的原始碼一起儲存。這使得它很容易與你的原始碼保持同步。有些工具強迫你使用一個單獨的儲存庫(repository),這可能會讓使用體驗更加脆弱。

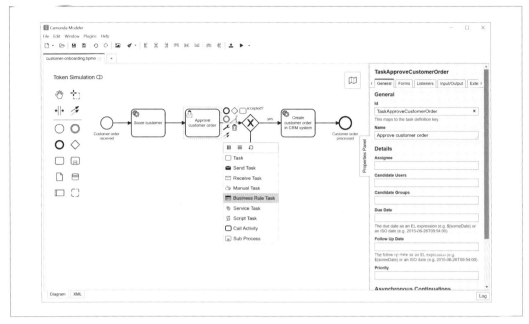

圖 2-12 圖形化建模工具允許你編輯流程定義

另外，建模器應該提供簡單的方法來編輯對於使模型可執行而言很重要的所有技術細節。這包括參考膠接程式碼和你在本章前面看到的其他面向。

圖形化的建模器在流程自動化專案中非常方便。只是要確保你選擇的是一個對開發者友善的工具堆疊，因為錯誤的工具可能很容易成為軟體開發的障礙。要看看該工具如何融入你的開發環境。

## 協作工具

在最初討論如何將某一流程自動化的過程中，讓不同的人員在流程模型上進行協作往往是有價值的。這包括來自許多角色的人們，例如業務分析員、開發人員和方法論（methodology）或主題（subject matter）專家。所以，協作工具中實用功能的一個很好的例子就是，能夠與其他人分享圖表，並讓他們對其進行評論，如圖 2-13 所示。

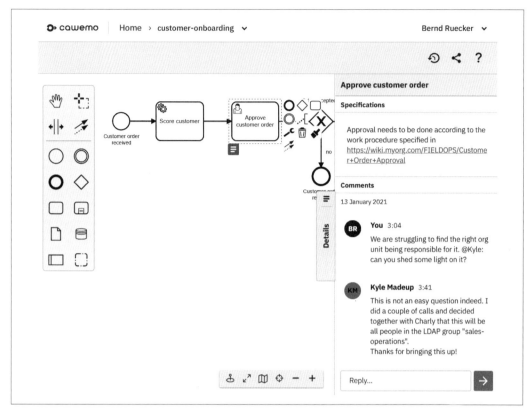

圖 2-13 協作工具允許不同角色的人分享和討論模型

協作工具通常有自己的儲存庫，在那裡儲存流程模型。重要的是，這些模型不被當作流程解決方案原始碼的一部分。取而代之，開發人員是在儲存於他們版本控制系統中的流程模型上工作。我們將在第 10 章的「一個聯合的模型之威力」中更詳細探討這個話題。至於現在，讓我們記住，協作工具可以幫助以即將建立的流程模型為中心的討論，但它們不是用來實作流程解決方案的。

# 操作工具

一旦你將你的流程解決方案投入生產，你就需要一個工具，來讓你發現、分析和解決與流程有關的問題，如圖 2-14 所示。

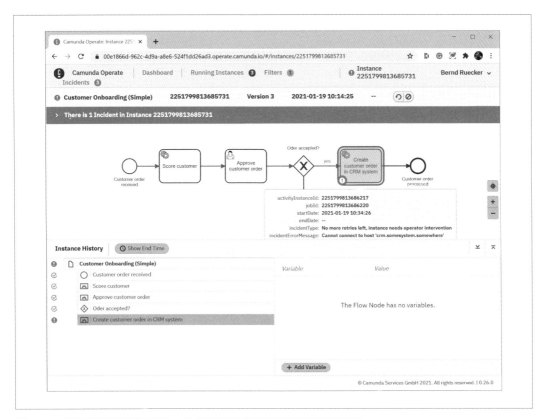

圖 2-14　操作工具能讓你發現、分析和解決與流程相關的技術問題

想像一下，假若對 CRM 系統的服務呼叫出現了問題。你首先需要有監控機制，以識別出那個問題，例如因為事件堆積如山所致。你還需要發送警報或與你現有的 APM（application performance monitoring，應用程式效能監控）工具整合，以便讓對的人迅速得到通知。除了警報，該工具還應該支持根本原因分析（root cause analysis），以協助你了解手頭的問題（例如，某些終端 URL 已經改變），並解決問題（例如，更新某個組態選項並觸發重試），而且這應該能夠大規模操作，因為可能有大量受影響的流程實體存在。開發人員也可以在開發流程中使用這些工具來進行不同的嘗試。

# 任務清單應用程式

一個流程模型可能包括人類需要採取某些行動的任務。在這種情況下，必須有某種方法來通知人類，該輪到他們了。為了這個目的，大多數供應商都提供一個任務清單應用程式（tasklist application），如圖 2-15 所示。

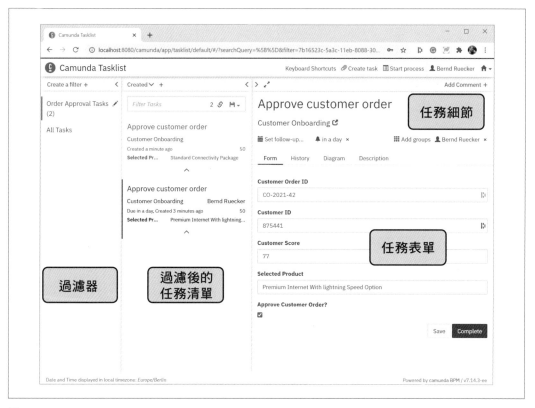

圖 2-15　Camunda Tasklist

這些工具能讓終端使用者看到他們在執行中的各種流程實體中必須完成的所有任務。他們可以選擇一個任務，對其進行處理，並在完成後讓工作流程引擎知道。第 4 章的「使用者任務的使用者介面」對此做了更詳細的介紹。

# 業務監控與報告

當你的流程解決方案在生產環境中執行時，你的業務利害關係者會想要監控流程。

與操作相比，這些人對緊急技術問題的興趣要小得多，而對整體效能更感興趣。例如，這能以週期時間（cycle times）、等待時間（waiting times）或過程中的商業價值來衡量。他們可能也想收到一些通知，但通常這些通知都以效能指標（performance indicators）為焦點。舉例來說，如果一個流程實體耗時過長，從而將錯過其 SLA（服務級別協議），他們就需要得到通知。

業務利害關係者也關心整個流程的最佳化，這可以透過分析能力來支援，比如清楚地看到哪條流程路徑使用最頻繁、哪些路徑速度慢、哪些資料條件經常導致取消，諸如此類。這些資訊可以從工作流程引擎執行流程實體時儲存的稽核資料（audit data）中得到。

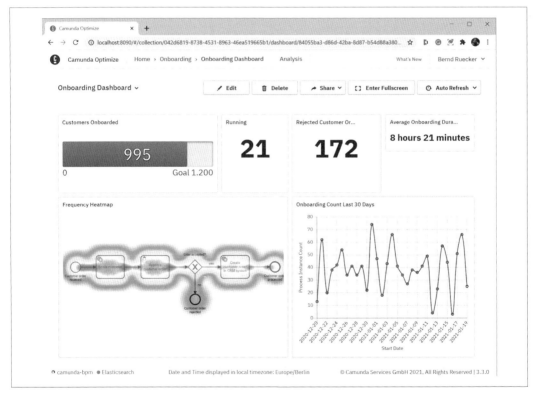

圖 2-16　顯示包括了以一個招聘流程為中心的不同資料點的儀表板（dashboard）範例。

## 結論

本章更詳細地描述了工作流程引擎和流程自動化平台。這裡介紹的實際的、可執行範例應該讓你對流程解決方案和工作流程引擎有更好的理解。

這為你在下一章中深入了解開發流程解決方案的更多細節做好了準備。

# 第 3 章

# 開發流程解決方案

本章包括：

- 介紹 Business Process Model and Notation（業務流程模型與記號）作為一種可執行的流程建模語言

- 解釋如何執行流程模型以及如何將流程模型與程式碼相結合

- 探討開發你自己的流程解決方案之重要面向

## 業務流程模型與記號（BPMN）

在上一章直接跳入一個可執行流程（executable process）後，讓我們退一步，更詳細地探討你剛才看到的一些東西。我們將從流程建模語言（process modeling language）開始，它能讓你為你的流程設計一個可以在工作流程引擎上執行的藍圖。這樣的語言可以表達一個任務序列（a sequence of tasks）和圍繞它的所有基本實務細節，例如如決策點（decision points）、平行任務（parallel tasks）和同步點（synchronization points）。

不同的工具可能使用不同的流程建模語言。在本書中，我將使用 BPMN，主要有兩個原因：它是一個被採納的標準，而且它很棒。我將在第 5 章的「流程建模語言」中詳細說明它為什麼這麼好，但我首先需要解釋一下基礎知識。

當然，不是所有的流程模型都需要在引擎上執行；有時你可能只是想畫一張圖來理解或記錄某些行為。雖然這是一個有效的用例，但它不是本書的重點。不過，畫出業務流程以供討論或記錄，可以幫助你們組織裡的人理解以工作流程引擎進行流程自動化的潛力。請確保你用的是一種可執行的流程建模語言，就像 BPMN 那樣。

一個 BPMN 流程能以視覺化的方式被表達出來，如圖 3-1 中的例子所示。

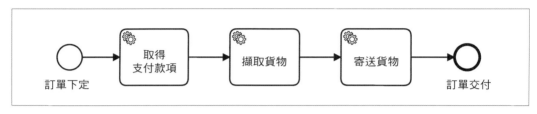

圖 3-1 一個 BPMN 流程

這個 BPMN 流程也是一份 XML 文件。在日常生活中，你可能永遠不需要去看這個 XML。不過，我在這裡把它展示給你看，是為了讓你放心，這裡面既沒有魔法，也沒有隱藏著巨大的複雜性：

```xml
<?xml version="1.0" encoding="UTF-8"?>
<definitions>

  <!-- 工作流程引擎所理解的執行語意： -->
  <process id="OrderFulfillment" isExecutable="true">

    <startEvent id="Event_OrderPlaced" name="Order Placed" />
    <sequenceFlow id="1"
      sourceRef="Event_OrderPlaced" targetRef="Task_RetrievePayment" />
    <serviceTask id="Task_RetrievePayment" name="Retrieve payment" />
    <sequenceFlow id="2"
      sourceRef="Task_RetrievePayment" targetRef="Task_FetchGoods" />
    <serviceTask id="Task_FetchGoods" name="Fetch goods" />
    <sequenceFlow id="3"
      sourceRef="Task_FetchGoods" targetRef="Task_ShipGoods" />
    <serviceTask id="Task_ShipGoods" name="Ship goods" />
    <sequenceFlow id="4"
      sourceRef="Task_ShipGoods" targetRef="Event_OrderDelivered" />
    <endEvent id="Event_OrderDelivered" name="Order delivered" />
  </process>
```

```
<!-- 圖形化的佈局資訊： -->
<BPMNDiagram id="BPMNDiagram_1">
  <bpmndi:BPMNPlane id="BPMNPlane_1" bpmnElement="OrderFulfillment">
    <bpmndi:BPMNShape id="_BPMNShape_Event_OrderPlaced"
                      bpmnElement="Event_OrderPlaced">
      <dc:Bounds x="179" y="99" width="36" height="36" />
      <bpmndi:BPMNLabel>
        <dc:Bounds x="165" y="142" width="65" height="14" />
      </bpmndi:BPMNLabel>
      ...
```

這份 XML 文件包含了工作流程引擎和建模工具解讀其內容所需的所有資訊。同時，視覺化的表示包含了剛好夠多的資訊，可以被人類快速理解，包括非技術人員。BPMN 模型是在一個人為構造中同時包含了原始碼和說明文件。這種雙重性使得 BPMN 非常強大。

BPMN 是流程建模和執行的業界標準。它最初建立於 2004 年，在 2011 年進行了大翻修，並由國際標準組織（International Organization for Standardization，ISO）發佈為 ISO/IEC 19510:2013。從那時起，此記號法一直刻意保持穩定，因為版本的增生會減少標準的一些優勢。你可以在 Object Management Group 的網站（*https://www.omg.org/spec/BPMN*）上找到 PDF 格式的規格。

今日，有許多公司皆已採用 BPMN；有許多關於它的書籍和資源，而且大學課程中也常會教授它。許多現代工作流程供應商都遵守 BPMN，而且沒有其他競爭的標準。

我建議進入流程自動化領域的任何人都要學習 BPMN。它將幫助你理解相關的模式，即使你決定採用一個用到其他流程建模語言的工具也是如此（關於不同建模語言的討論可以在第 5 章的「流程建模語言」中找到）。

接下來的章節涵蓋了 BPMN 中流程建模最重要的模式。這將使你有辦法了解本書中的例子和與之一起發佈的程式碼，並幫助你理解可執行的流程模型之機制和力量。

 本書並沒有深入討論 BPMN，而只涉及該語言的一個子集。有很多資源可以教你所有的細枝末節。你可以在本書的網站（*https://ProcessAutomationBook. com*）上找到著手的起點。

## 開始與結束事件

最首要的是：每個流程都需要一個起點（starting point），這就是 BPMN 中的一個開始事件（start event）。每當一個新的流程實體被啟動時，這就是流程開始的地方。結束事件（end events）是流程結束（end）的地方，如圖 3-2 所示。

我是一個開始事件；
流程實體始於此處

我是一個結束事件；
流程實體結束於此

圖 3-2 一個流程的開始和結束事件

為了更加理解一個流程，知道所謂的 *tokens*（符記）是有幫助的。我們接下來會看一下它們的概念。

## Token 概念：實作流程控制

根據 BPMN 規格，一個 token 是「一個理論上的概念，它被用來輔助定義正被執行的流程之行為」。從本質上來講，token 實作了 BPMN 中的流程控制（control flow）。

你可以把每個流程實體看成是貫穿流程模型的一個 token。當一個流程被啟動，就會有一個 token 在開始事件中被分生出來。每完成一個步驟，它就會沿著流程推進到下一個任務，如圖 3-3 所示。當一個 token 到達一個結束事件，它的生命週期就結束了。

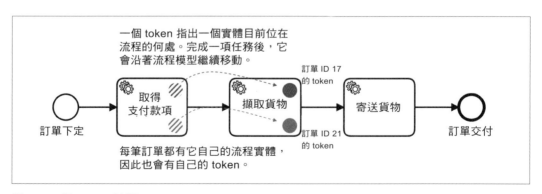

一個 token 指出一個實體目前位在
流程的何處。完成一項任務後，它
會沿著流程模型繼續移動。

訂單 ID 17
的 token

取得
支付款項

擷取貨物

寄送貨物

訂單下定

訂單 ID 21
的 token

訂單交付

每筆訂單都有它自己的流程實體，
因此也會有自己的 token。

圖 3-3 一個 BPMN 流程

每當遇到一個決策點，token 都得準確地沿著一條路徑前進。當 token 到達一個結束事件，它會被消耗掉（consumed），而該流程實體也結束。每個被啟動的流程實體都會有一個 token 為之創建，因此會有多個 tokens 同時流經模型。

工作流程引擎通常會保存這些 tokens 的狀態，因為它們確切地描述了一個給定的實體在流程中等待的位置。

你可以把 token 的概念比作一輛在公路上行駛的汽車。在每個十字路口，司機必須決定是繼續走直路還是向左或向右轉。道路系統對應於一個流程模型，而汽車所走的任何特定路線都代表一個流程實體。只是要注意，當我們遇到平行路徑時，這個比喻就失效了，因為你無法輕易地複製一輛車，使它繼續直行而且左轉，但你可以很容易地用流程模型中的一個 token 來做這件事，正如你將在後面的「閘道：操縱流程的方向」一節中看到的。

## 序列流：控制執行的流程

BPMN 序列流（sequence flow）定義了流程中各步驟的發生順序。在 BPMN 的視覺化表示中，一個序列流是連接兩個元素的一個箭頭。箭頭的方向表示它們的執行順序。

## 任務：工作的單位

BPMN 流程的基本元素是任務（tasks）。從 BPMN 流程的角度來看，一個任務就是工作不可分割的一個單元。每當一個 token 抵達一個任務時，該 token 就會停下來，直到任務完成，只有到那時，它才會繼續在輸出的序列流中執行。

任務精細度（granularity）的選擇由流程建模者決定。舉例來說，處理一筆訂單的活動可以被建模為單一的一個任務，也可以被建模為三個單獨的任務，即取得付款、擷取貨物和運送貨物。要如何決定對的精細度水平，將在第 10 章的「把（整合）邏輯擷取至一個子流程」中討論。

BPMN 定義了各種任務型別（task types），它們細化了工作單位的定義。

一個重要的任務型別是*服務任務*（*service task*）。當一個 token 穿越一個服務任務時，某些軟體功能將被執行。通常這意味著呼叫一個服務、一個微服務、一個方法（method）、一個函式（function），或任何在你的架構中屬於第一級公民的東西。正如你在第 2 章的「一個可執行的範例」中所看到的，你可以輕易地將用你所選的程式語言編寫的膠接程式碼（glue code）連接到這樣的一個服務任務，如圖 3-4 所示。

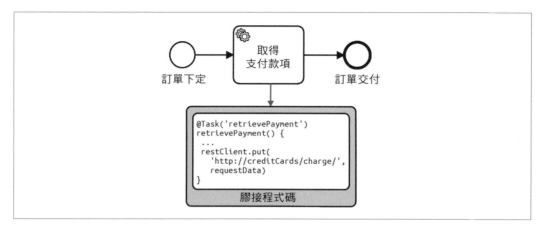

圖 3-4 一個服務任務將導致功能被執行，最有可能是用一些程式碼來表達。

另一種任務型別是使用者任務（*user task*），如圖 3-5 所示。在此例中，想像一家小公司，其取貨和發貨單純都是手工完成。流程會等候人類來進行所描述的工作。你可以想像，在任務清單中為負責取貨和發貨的人員產生一個待辦事項（to-do item）。工作流程引擎會等候，直到那些人勾選了該待辦事項之後再繼續推進。

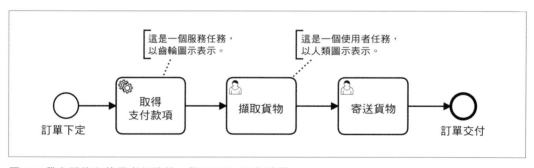

圖 3-5 帶有服務和使用者任務的一個 BPMN 工作流程

其他常用的任務型別包括業務規則任務（*business rules task*），其中可能涉及決策引擎（decision engine）來評估一個規則表（rule table），還有和指令稿任務（*script task*），其中工作流程引擎會執行以定義的指令稿語言（scripting language）所撰寫的指令稿（script）。

困難的部分往往是確定你需要哪些任務以及它們的順序。只要這一點清楚了，你就可以從人類任務開始，進行快速的原型設計（「點過（click through）」一個模型），也可能在第一次的反覆修訂中，將之推出到生產環境中。然後，你就能逐步用自動化任務來取代人力勞動。

## 閘道：操縱流程的方向

閘道（gateways）是以比普通序列流更複雜的模式繞送 tokens 的元素。互斥閘道（*exclusive gateway*）根據資料從許多序列流中準確選擇一個序列流。你可以在圖 3-6 中看到一個例子，其中「取得支付款項（retrieve payment）」的任務只有在某個預付款項方法（prepayment method）被選擇時，才會進入。

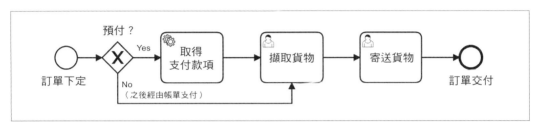

圖 3-6　這個 BPMN 流程帶有一個排他性的閘道，決定了流程的流向

我們先不討論這個決策應該是由訂單履行流程（order fulfillment process）來處理，還是在支付任務（payment task）內處理；你將在第 7 章中了解到更多。

平行閘道（*parallel gateway*）藉由平行啟動多個序列流來產生新的 tokens。舉例來說，你可以決定在取回付款的同時也去擷取貨物（fetch goods），如圖 3-7 所示。

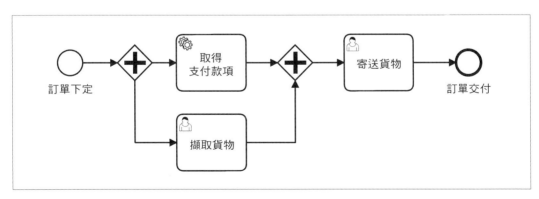

圖 3-7　這個 BPMN 流程帶有平行閘道，可以將工作平行化

這裡的一個重要的附帶說明是，這並不一定意味著這些任務是在多緒處理（multithreading）的意義上共時執行（run concurrently）的。流程關乎等待，所以「平行」基本上代表著你在一條路徑上等待的同時，可以在另一條路徑上做其他事情。

## 事件：等待事情發生

BPMN 中的事件（events）代表發生的事情。流程可以藉由「捕捉」它們來對事件做出反應。一個很好的例子是計時器事件（timer events），它只需等待一段定義好的時間過去。在圖 3-8 中，你可以看到運用這種型別的事件的兩種不同方式。

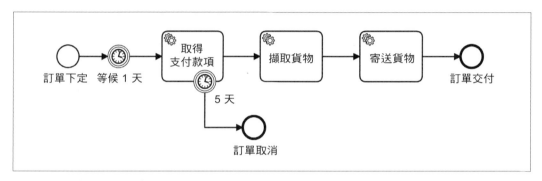

圖 3-8 一個帶有計時器事件的 BPMN 流程

第一個計時器在序列流內，這意味著流程會在該計時器事件內等候一天（例如，等待撤回權過期）。

第二個計時器是一個邊界事件（boundary event）。在這種情況下，只要行程在那個任務中等待，就可以對該事件做出反應。在此，這意味著我們將等候五天來取回付款；如果那沒有發生，工作流程引擎將取消手頭的任務（取得支付款項），並透過替代的序列流繼續前進，以結束該流程（當然，這可能不是處理付款延遲的最佳業務做法）。

## 訊息事件：等候來自外部的觸發器

圖 3-9 中的例子介紹了另一個重要元素，即訊息事件（message event）。

圖 3-9 帶有訊息事件的一個 BPMN 流程

訊息事件會從工作流程引擎外部被發送給一個流程實體。這可能會啟動一個新的流程實體，也可能導致一個現有實體的繼續執行。

如果開發人員熟悉訊息中介者（message brokers），訊息事件有時會導致混淆，因為人們會認為他們可以把 BPMN 的訊息事件與他們的訊息中介者連接起來。實際上，一個 BPMN 訊息單純是指來自工作流程引擎外部的一個觸發器（trigger）。從技術來說，這可以是任何東西，可能是你的應用程式中藉由某個 REST API 發出的一個簡單的方法呼叫，也可能是你的訊息或事件中介者中的一個訊息或事件。

為了更加具體一點，如果你想讓一個流程對你的訊息中介者中的一個訊息做出反應，你通常會寫一段膠接程式碼來連接它們，如圖 3-10 所示。當然，有些供應商為常見情況提供了開箱即用的連接器（connectors）。

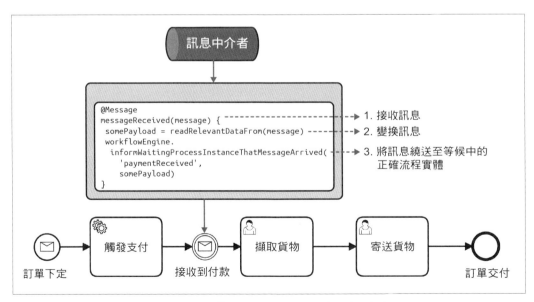

圖 3-10 你需要透過應用程式碼將你的「宇宙」與工作流程引擎連接起來

訊息事件也經常與事件子流程（event subprocess）結合使用，這允許你在收到訊息時中斷一個流程實體，不管該流程實體目前正在等待的任務為何。

以圖 3-11 中的流程例子為例。如果有一個取消訂單的請求送進來，這將立即中斷正常的訂單履行流程，無論我們是剛開始要取回付款，還是已經要出貨了。你將在第 9 章中了解到在這種情況下恢復一致性的策略，例如退還已經接受的付款。

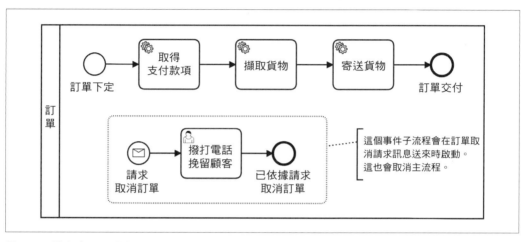

圖 3-11 帶有事件子流程的一個 BPMN 流程

# 結合流程模型與程式碼

正如在第 2 章的例子中看到的，以及第 1 章「低程式碼的限制」中所解釋的，你會想要遠離低程式碼的做法，而是把流程模型與程式碼連接起來。這允許你將流程自動化技術嵌入到成熟的軟體開發實務中。

在流程模型與程式碼的結合方式上，各家供應商之間存在著差異，不同的專案可能使用完全不同的程式語言和架構。但要添加邏輯，有三種常見的概念方法存在：訂閱流程（subscribing to the process）、參考程式碼（referencing code）和使用預先建置的連接器（prebuilt connectors）。

本書的網站（*https://ProcessAutomationBook.com*）上有可執行的程式碼，展示了所有的這些選擇的範例。

# 一個流程的 Publish（發佈）/Subscribe（訂閱）

Publish/Subscribe（簡稱 pub/sub）是從訊息傳遞系統（messaging systems）開始而廣為人知的一種機制。訊息中介者提供佇列（queues）。發送者可以向佇列發佈（publish）訊息，接收者可以訂閱（subscribe）佇列，然後接收訊息。接收者並不為發送者所知。

許多工作流程引擎為流程中的邏輯提供了一種類似的 pub/sub 機制。在這種情境下，工作流程引擎本身就是一個中介者（broker）；你不需要一個實際的訊息中介者，取而代之，你會撰寫一些膠接程式碼去訂閱工作流程引擎，通常是訂閱 BPMN 中的一個服務任務，然後每當有新的流程實體到達那裡，就執行邏輯。

讓我們看一下圖 3-12 視覺化的例子，訂單履行工作流程需要呼叫支付服務。因此，它包含一個服務任務，並為其定義了一個名為 retrieve-payment 的邏輯任務型別。

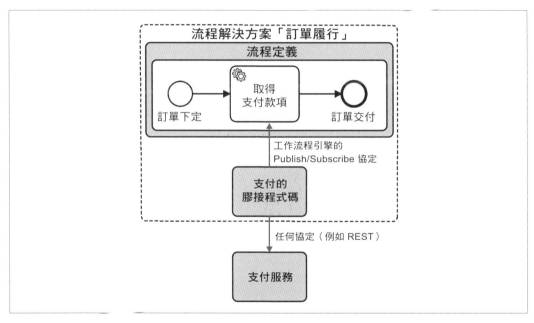

圖 3-12　工作流程引擎提供了一種發佈 / 訂閱機制，以向模型添加邏輯，例如呼叫外部服務的膠接程式碼

讓我們假設這個模型：

```
<bpmn:serviceTask name="Retrieve Payment"
                  vendorExtension:taskType="retrieve-payment">
```

然後你可以想像下面的膠接程式碼（當然，具體使用的程式碼取決於工具、程式語言和你的風格），實作對 對支付服務的 REST 呼叫：

```
paymentHandler = new WorkflowLogicHandler() {
 public void handle(WorkflowContext context) {
  // 在此進行資料的輸入映射（input mapping）
  restRequest = RetrievePaymentRequest
    .paymentReason( context.getVariable('orderId') ) // ...

  // 真正被執行的邏輯，例如呼叫一個 REST 端點
  restResponse =
    restEndpoint.PUT(paymentEndpoint, restRequest);

  // 在此進行資料的輸出映射（output mapping）
  context.setVariable( 'paymentId', restResponse.getPaymentId()));

  // 一旦我們完成了，就讓工作流程引擎知道
  context.completeServiceTask();
 }
```

現在，你可以對工作流程引擎開啟一個訂閱（subscription），這樣，只要有帶有任務型別名稱 "retrieve-payment" 的一個流程實體到達服務任務，處理器（handler）就會被呼叫：

```
subscription = workflowEngineClient
  .subscribeToTaskType("retrieve-payment")
  .handler( paymentHandler )
  .open();
```

從技術上講，這個訂閱可以透過不同的方式實作。一種常見的選擇是在背後使用長輪詢（long polling）。有點簡化，但你可以想像客戶端定期詢問新的工作，不過是以一種非常有效率的方式，避免了處理的延遲。這讓常見的遠端協定（像是 REST）的使用變得容易，並將通訊限制在一個方向：從客戶端到工作流程引擎。使用標準化的遠端協定也允許你用幾乎是所有的程式語言來編寫膠接程式碼。

在圖 3-12 中，膠接程式碼是特意作為流程解決方案的一部分。流程模型和膠接程式碼是緊密連結在一起的。這是一種相當常見的設計，但正如你將在第 4 章的「微服務」中看到的那樣，它並非微服務架構中唯一可能的設計。

藉由 pub/sub 機制，膠接程式碼完全在你的控制之下，這有幾個重要的優點。

首先，它使你很容易決定是否準備好執行任何任務。例如，如果外部服務不可用，你可以關閉訂閱，等待服務變得再次可用，或者乾脆關掉包含膠接程式碼的應用程式。任何在服務任務處等待的流程實體將一直在那裡等待工作被客戶端拉出並執行，當你重新開啟訂閱，這可能會在未來的任何時候發生。

第二，你可以獨立於工作流程引擎本身來擴充你膠接程式碼的規模。假設你需要在膠接程式碼中進行一些資源密集型的計算（resource-intensive calculation），你就能單純擴充包含該膠接程式碼的應用程式，或者你可以建立只專注於該膠接程式碼的小型工作者（workers），並擴充它們。這甚至反過來也行得通：如果你有一個資源，而你必須節制負載，你也可以輕易地控制它。一個常見的例子是被授權一次只能做一個平行 OCR 工作的光學字元辨識（optical character recognition，OCR）工具。獨立於同時到達服務任務的流程實體的數量，你可以創建一個訂閱，每次只處理一個任務。

第三，你的膠接程式碼可以控制 BPMN 流程中何時發生逾時（timeouts）。想像一下，你需要實作一些需要很長時間才能完成的邏輯，比如一個影片轉碼（video transcoding）流程。轉碼一部電影需要幾個小時。使用 pub/sub 的設計，你的膠接程式碼可以啟動轉碼流程，並且只有在它完成後才會再次與工作流程引擎對話。若是在工作流程引擎本身的情境中執行，它將無法進行轉碼，因為它會遇到逾時。

## 在流程模型中參考程式碼

另一個流行的選擇是在流程模型中直接參考（reference）程式碼。然後，工作流程引擎會在穿越相關任務時執行那段程式碼。

以虛擬程式碼（pseudocode）表達，它看起來可能像這樣：

```
<bpmn:serviceTask name="Retrieve Payment"
                  vendorExtension:javaClass="io.processbook.RetrievePayment">
```

以及：

```
public class RetrievePayment implements WorkflowLogicHandler {
  public void handle(WorkflowContext context) {
    // same as in last example...
  }
}
```

與 pub/sub 做法的最大區別是，在這種情況下，工作流程引擎在自己的情境（context）中執行這些程式碼，也就是說，在引擎的執行緒（thread）中，可能也在同樣的技術交易（technical transaction）中。雖然這聽起來簡單明瞭，但它也有一些挑戰存在：

- 你的技術選項有限，因為你被釘在了工作流程引擎的執行環境上（例如 Java）。

- 沒有時間上的解耦合（decoupling），因為只要引擎抵達相關任務，程式碼就會被呼叫。耦合（coupling）問題將在第 7 章的「強凝聚力與低耦合性」中進一步討論。

- 你必須在計算時間、逾時和交易控制（transactional control）方面有更多的限制。

這讓我們看到了最關鍵的缺點：確切的行為不僅取決於引擎，還取決於該引擎的組態，以及你在膠接程式碼中的具體行為。這使得我們很難調查失敗的原因。

在過去的十年裡，我為各種開源工作流程引擎做出了貢獻。在最初的幾個專案中，我們從參考程式碼開始，對它的簡單性超級滿意。但隨著時間的推移和工具的不斷採用，pub/sub 在大多數情況下都被證明是更可取的，這就是為什麼現代引擎都專注於它。這種偏好甚至被雲端原生（cloud native）架構和多語言團隊的趨勢所加速推動。

## 使用預先建置的連接器

添加邏輯的第三種常見可能性是使用流程自動化平台附帶的預建連接器（prebuilt connectors）。你可以透過流程模型參考和配置它們。舉例來說，假設你想透過 REST 呼叫一些服務，你可以利用一個 HTTP 連接器，如下面的虛擬程式碼所示：

```
<bpmn:serviceTask name="Retrieve Payment">
  <bpmn:extensionElements>
      <vendorExtension:connector type="HTTP" />
      <vendorExtension:connectorConfig key="method" value="PUT" />
      <vendorExtension:connectorConfig key="url"
                                  value="http://myPayment/retrieval" />
  </bpmn:extensionElements>
```

圖 3-13 顯示了這種可能性。

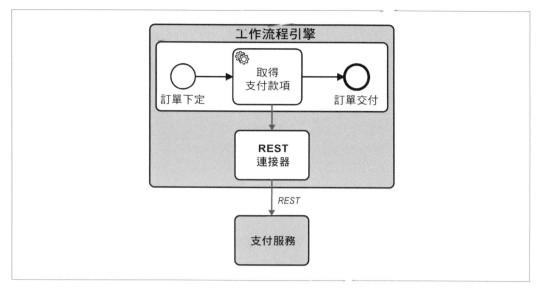

圖 3-13　使用你工作流程引擎的預建連接器來整合其他系統

連接器的數量和型別以及它們的功能在不同的供應商之間會有所不同，但連接器有共同的缺點：

- 可能性侷限於供應商所預見的。在現實中，你可能很快就會碰到連接器的限制，例如 HTTP 連接器不能正確處理你服務呼叫所需的多部分表單（multipart forms）。在這種情況下，你唯一的希望就是你的供應商能夠迅速擴充連接器，讓你能夠繼續前進。由於這種情況很少發生，你至少應該有一個 B 計畫來應付這些狀況。

- 測試通常比較困難，因為連接器不在你的流程解決方案的範疇內。你被束縛在供應商為這個連接器所預見的測試可能性上。

- 該連接器是供應商的私有專利。

你可能已經知道了，連接器不是我的首選方案。如果我可以很容易地用我所選的程式語言寫一段膠水程式碼，做一個 REST 呼叫，並將其附加到流程模型上，我更願意那樣做。

不過，在某些情況下，連接器是很有用的。一個常見的例子是，當你想把幾個無伺服器函式（serverless functions）或 RPA 機器人（bots）連接在一起時，第 4 章的「無伺服器函式」和「協調 RPA 機器人」將對此進行介紹。

# 模型還是程式碼？

所以，你有不同的可能性：你可以用流程建模語言以及你選的程式語言來表達業務邏輯。你可能想知道相關準則，以及哪種類型的邏輯屬於哪裡。顯然，這兩個極端都沒有太大意義。一方面，你不希望最終在一個流程模型中，有一個任務說：「這就是所有魔法發生的地方」。另一方面，你也不想做圖形化程式設計（graphical programming），其中每一個邏輯最後都是在流程模型中。過去曾有許多人試圖推動純粹的圖形化程式設計，但都沒有成功起飛。使用普通的程式語言和今天的 IDE（整合式開發環境）編寫程式碼，在很多方面都更快、更有效，而且所產生的程式碼也更容易維護。一個有太多細節的模型不僅會變得難以維護，而且圖形視覺化的價值也會完全衰退，因為你只看得到樹木，看不見整個森林。

因此，作為一個經驗法則，你可以把程式碼當作你實作業務邏輯的預設選擇。然而，有很好的理由把某些邏輯放到流程模型中。下面的三個問題可以幫助你決定該把什麼放在哪裡。

## 你在哪裡（可能）需要等待？

如果你需要等待，無論是為了等候人類的行動、等候外部服務變得可用、等候回應訊息抵達，還是為了其他的一些原因，你都需要有辦法安全地儲存狀態。這正是工作流程引擎為你做的事情，但前提是相關的任務是你流程模型的一部分。

你能在你的操作工具中看到在任務中等待的流程實體，因此你可以，例如，識別出哪些實體等待時間過長，並找出原因。你也可以為流程模型中的任務建立向上呈報的邏輯（escalation logic），例如，當一個人類任務等待時間過長而無法完成時，可以讓經理人員參與其中。

工作流程引擎在任務的精細度（granularity）上實現了這一點。舉例來說，如果接附到一個任務上的膠接程式碼呼叫了兩個遠端服務，你只能在兩個呼叫都成功的情況下繼續進行。但如果你設計了兩個服務任務，其中每個任務只進行一次遠端呼叫，工作流程引擎可以記住一個服務呼叫已經成功執行了，只需重試另一個。

## 你經常與其他利害關係者討論什麼？

一個好的經驗法則是，你需要定期與其他利害關係者討論的所有東西都應該放在圖形模型中。這可能有點太模糊了，因為你可能需要定期討論複雜的定價計算（pricing calculations），這可能不是你想包含在圖形化流程模型中的東西。但作為一般原則，它是有用的，對流程控制來說肯定是如此，因為有些地方是業務人員感興趣的，有些則不是。

你可能還要考慮不同的人會對哪些關鍵績效指標（key performance indicators，KPI）感興趣。無論屬於模型一部分的是什麼，都會在工作流程引擎中留下稽核資料，可以利用它來建立 KPI。

## 什麼跨越邊界？

看待這個的一種更技術性的方式是把焦點放在邊界（boundaries）上。如果你想調用兩個不能在同一筆技術交易中連接在一起的軟體元件或服務，你應該把這兩個調用（invocations）分成各自的任務。這不僅能讓工作流程引擎重試失敗的服務呼叫，還允許開發人員以一致性的調和為中心來實施策略。你將在第 7 章和第 9 章中學到更多關於這些主題的內容。

## 範例

讓我們來看看一個簡短的例子。假設你的任務是開發出一個任務來決定是否接受一個新客戶。這種檢查的一部分涉及到基本的資料驗證和一些評分機制。讓我們假設在第一次反覆修訂（first iteration）中，你用 Java 來撰寫所有的東西，因此你服務的一個簡單版本看起來是像這樣：

```
public boolean isCustomerDataAcceptable(Customer customer) {
  if (!verifyCustomerData(customer)) {
    return false;
  }
  int score = scoreCustomerData(customer);
  if (score >= SCORE_TRESHOLD) {
    return true;
  } else {
    return false;
  }
}
```

到目前為止，一切都很好。你可能需要在白板上畫幾遍這個邏輯，但可能還不能證明使用工作流程引擎是合理的。

現在，假設評分（scoring）將由某個外部服務完成。因此，你面對的不再是一個本地端的方法呼叫，而是得深入到 REST 通訊中，並處理服務是否可用的問題。還記得第 1 章的「狂野西部整合」那節嗎？這可能是引入輕量化工作流程引擎的一個好時機，以解決圍繞著「等待評分服務可用」的相關問題。最簡單的選擇是圖 3-14 中的流程，帶有一個任務。

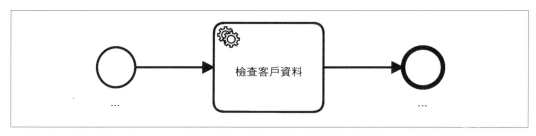

圖 3-14 如果你只是想利用長時間執行的能力，可能一個非常簡單的流程模型就足夠了

然後你可以在膠接程式碼中進行整個檢查：

```
@Task(name="CheckCustomerData")
void checkCustomer(WorkflowContext ctx) {
  Customer customer = loadCustomerFromContext(ctx);
  if (!verifyCustomerData(customer)) {
    ctx.setWorkflowData("accepted", false);
  } else {
    int score = scoreService.scoreCustomer(customer);
    ctx.setWorkflowData("accepted", (score >= SCORE_TRESHOLD));
  }
}
```

現在，假設評分在每次調用時都要花錢。以「什麼時候真正需要對客戶進行評分以及事先可以做哪些檢查」為中心的討論有很多。因此，與其一遍又一遍地解釋如何進行驗證和評分，不如單純將那些資訊添加到流程中，如圖 3-15 所示。

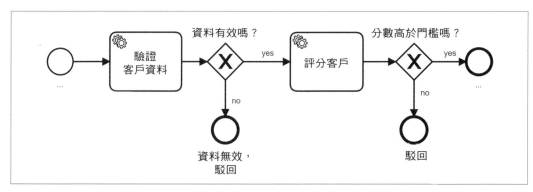

圖 3-15 讓這些任務的順序在圖形模型中清楚可見，可能是有益的

這個流程模型為你回答了很多問題。作為紅利，你還可以免費得到以你流程為中心的統計資料，例如因為無效資料而被拒絕的訂單之百分比，以及因為低分而被拒絕的百分比。

有時甚至有更具體的原因要在模型中添加元素，如合規性（compliance）、分析或商業智慧。對這些要求抱持開放的態度。典型情況下，很容易就能對模型進行相應的調整，這可以快速提供額外的價值，而通常也不會使圖表膨脹。

# 流程的測試

由於流程模型只是另一種原始碼（source code），涉及到測試時，它們值得同等的關注。這實際上是很多工作流程系統反而造成阻礙，而非幫上忙的領域，特別是，低程式碼工具（low-code tools）要麼根本不支持自動測試，要麼有一些非常訂製的方式來執行測試。

一個好的工作流程工具需要支援流程的單元測試（unit tests），這是你評估產品時應該檢查的一個面向。在現實中，最好的做法是，流程測試只需要掛接至（hooks into）你正常的測試程序（例如，如果你用 Java 工作，就是 JUnit 測試）。有些工具提供了很好的支援，甚至包括斷言（assertions）以來驗證一個流程實體是否按照預期執行。第 2 章的「一個可執行的範例」就展示了 JUnit 和 Camunda Cloud 的一個原始碼範例。

其目的不是測試工作流程引擎本身（那部分供應商已經做了），而是驗證你的流程模型、其配置、相應的膠接程式碼和閘道決策點的運算式是否都依照你的意圖行事。

一個複雜的問題是，大多數的流程都會呼叫外部服務，但你不想讓每個流程測試都變成完整的整合測試（integration test）。取而代之，你會想模擬（mock up）外部系統，以便將測試範圍縮小到流程的邏輯。

將流程測試掛接到你所選的測試框架（test framework）中，使你能夠輕鬆地運用該領域的現有框架。

# 流程解決方案的版本控制

流程可以是長時間執行的，這意味著一個實體可能持續幾個小時、幾天、幾周或幾個月。如果你想更新你的流程模型，你就會面臨這樣的情況：系統中總是有執行中的流程實體。所謂執行中，我的意思是它們還沒有完成，正暫停下來，等待繼續進行的信號，例如人類決定某些事情。這些正在執行的流程實體被耐久性地儲存（persistently stored）在某個地方，例如資料庫，而每當你更改流程模型，你就必須處理這些實體。

因為這個問題非常普遍，所以工作流程引擎提供了版本控制（versioning）功能。

- 如果你部署了一個變更過的流程模型，就會創建一個新的版本。
- 活躍的流程實體將繼續在它們被啟動的那個版本中執行。
- 新創建的流程實體將在新版本中執行（除非你明確希望啟動舊版本）。

好的工具還支援將現有的流程實體遷移到新的版本。有了這些可能性，你可以在關於版本控制的兩個基本策略之間進行選擇。

- 平行執行流程模型的不同版本
- 將流程實體遷移至新版本

## 平行執行不同版本

你可以平行地（in parallel）執行一個流程模型的數個版本。這種行為的最大優點是，你可以部署變更過的流程定義，而不用去在意已經在執行的流程實體。工作流程引擎能夠平行管理基於不同流程定義並正在執行的實體。缺點在於，你需要處理平行執行不同版本的流程所帶來的操作複雜性，以及這些流程會呼叫子流程（subprocesses），而且它們自己也有不同版本的情況下的額外複雜性。

平行執行不同的版本，以便：

- 符合法律要求，因為有些程序一旦啟動，就需要保持穩定
- 開發或測試那些你並不在意舊實體的系統
- 不建議進行遷移的情況，因為跟它所帶來的好處權衡之下，還是太複雜、太費勁了

## 將流程實體遷移至新版本

你也能決定將所有的流程實體遷移到你剛部署好的、最新且最棒的版本。根據工具的不同，你甚至可以為此編寫指令稿（script），並將其掛接到 CI/CD 管線（pipeline）中。若有以下情況就這麼做：

- 你正在部署補丁（patches）或臭蟲修復（bug fixes），所以你想立即停止使用舊的模型

- 你必須優先考慮避開因生產環境中執行不同的版本而招致的操作複雜性

## 膠接程式碼和資料定義的版本控制

版本控制並不止於流程模型。新的流程模型可能需要變更連結至模型的膠接程式碼。取決於手頭的情況，你可能會參考新的程式碼或調整你現有的程式碼來處理不同的流程模型。

舉例來說，假設新的欄位（fields）已經被添加到客戶物件中，在對客戶進行評等時，應該要把這些欄位納入考量。由於你已經把客戶儲存為流程的資料，舊的流程實體所持有的客戶將不會帶有這些新屬性。首先，你必須確保你仍然可以解序列化（deserialize）這個資料，例如讓那些新屬性是選擇性的。然後，你就能單純複製客戶評分的程式碼，並實作一個用到這些屬性的新版本。新的流程模型將會參考 customer-scoring-v2，而舊模型仍然參考 customer-scoring。

作為一種替代選擇，你可以調整你的程式碼，以檢查那些新屬性是否有設定，並且只在那時使用它們。雖然這會使程式碼變得複雜一點，但它也有一個明顯的優點：如果你把流程實體遷移到新的版本，它無需進一步調整就能運作。缺點是，為了避免程式死碼（dead code）長期積累，你應該定期檢查這些程式碼是否仍然被任何版本所需要，如果不需要，就把它清理掉。

還有另一種處理資料結構變更的可能性：寫一些升級指令稿（upgrade scripts）來調整資料。例如，你可以為舊實體添加一些預設屬性。

# 結論

本章詳細描述了流程解決方案的要素。我們看到了 BPMN 以及如何用它來建立可執行的流程模型，並深入探討了在工作流程引擎上執行這些流程模型所需的東西。依據本書的精神，這與低程式碼（low code）無關，而是關於如何將流程模型與原始碼連接起來。所產生的結果就是，由流程模型和額外的膠接程式碼所構成的流程解決方案（process solutions）。

本章還描述了判斷何時將業務邏輯放入流程模型或以程式碼表達的最佳實務做法，並探討了整個做法要如何融入你的軟體開發生命週期，包括測試和版本控制。

# 協調一切

現在我們將把注意力轉往討論流程自動化可以為你解決哪些問題。本章顯示，工作流程引擎可以協調（orchestrate）任何事情，特別是：

- 軟體元件
- 決策
- 人類
- RPA 機器人和實體設備

但什麼是協調（orchestration）？它是承載了多重意義的一個術語，對不同的人有不同的含義。例如，在雲端原生（cloud native）社群，協調通常與容器管理（container management）有關，就像 Kubernetes 那樣的工具在做的事情。在流程自動化領域，orchestration 真的就是代表協調（coordination）。

回顧本書前面的 BPMN 例子，你可以說工作流程引擎協調（orchestrates）模型中所包含的任務。由於這些任務可能會呼叫一些外部服務，你也可以說流程協調這些服務。每當你把人類任務加入到這個組合中時，工作流程引擎就會對人類進行協調。雖然這聽起來有點奇怪，但實際上是準確的（如果你喜歡，你可以用 *coordinate* 代替 *orchestrate*）。

在本章中，我們將以一家小型電信公司為例。每當一名客戶想要一個新的行動電話合約時，客戶的資料必須被儲存到四個不同的系統中：CRM 系統、計費系統（billing system）、SIM 卡的配置（provision）系統、以及在網路中註冊 SIM 卡和電話號碼的系統。

為了改善新客戶的新申辦（onboarding）流程，該公司使用了一個工作流程引擎。根據手頭的情況，申辦流程中的每項任務可能涉及：

- 呼叫一個軟體元件

- 使用決策引擎（decision engine）估算一項決定

- 一個人類手動完成工作

- 一個 RPA 機器人引導一些圖形化的使用者介面

這些選項中的每一個都將在接下來的章節中詳細討論。

給沒有耐心的人一個簡短的提示：第 8 章將深入探討編排（choreography），這是自動化流程的另一種做法。你不需要那些知識就能應用協調，所以我們可以安全地把它推遲到你對流程自動化有更多的了解之後，但它將會派上用場，幫助你更加清楚解決方案的範圍。

## 協調軟體

我們將從我們作為技術人士最喜歡的東西開始：軟體的協調。一個工作流程引擎基本上可以協調任何具有 API 的東西。

讓我們假設申辦流程看起來像圖 4-1。

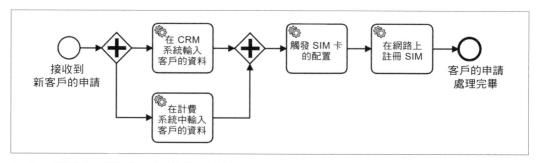

**圖 4-1　協調資料登錄到不同系統的一個流程**

每當有新的客戶申請時，就會啟動一個新的申辦流程實體。新客戶的資料會平行地被儲存在 CRM 和計費系統中。只有當兩者都成功時，才會觸發 SIM 卡的配置（provisioning），並在網路中註冊 SIM。正如你在本書前面所看到的那樣，服務任務被連接到 API 呼叫上。

---

這產生了一個完全自動化的流程，也被稱為 *straight-through processing*（直通式處理，STP）。相較於人工手動處理，這有很大的優勢：

- 你節省了人工，並減少了你在這個流程中的營運支出。同時，你增加了你的規模擴充能力，因為該流程現在可以處理更多的負載。

- 你藉由確保資料總是正確傳輸，減少了人為錯誤的可能性。

存在有不同的架構模式，它們影響你操作工作流程引擎和設計你流程的方式。我們將在接下來的章節中看一下最重要的幾種：服務導向架構（service-oriented architecture）、微服務（microservices）和函式（functions）。

## 服務導向架構服務

一個典型的 SOA 藍圖如圖 4-2 所示。這些藍圖主張建立一個包含工作流程引擎的中央 BPM 平台，然後透過一個中央 ESB（enterprise service bus，企業服務匯流排）與服務進行通訊。這種集中式的基礎設施是典型的痛點所在，導致了很多問題，正如第 1 章的「集中式的 SOA 和 ESB」中所描述的那樣。

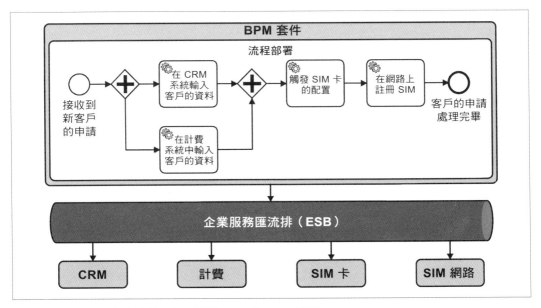

圖 4-2 來自 2010 年左右的一個典型的 SOA 和 BPM 藍圖

這種架構通常不是新專案的首選架構。當然，有很好的理由將業務邏輯分散到多個服務中，但以微服務為中心的思維是看待這個更現代的方式，可以避免 SOA 時代的失敗。

如果你是在一個 SOA 環境中工作，你仍然可以取得成功。請確保你避開了圍繞著集中式工具的問題，並對流程定義的所有權（ownership）格外謹慎，例如，每個業務流程模型都需要由關心業務邏輯的開發團隊所擁有，而不應該由中央 BPM 團隊擁有。我們將在第 6 章的「分散式的引擎」中進一步討論這個問題。

## 微服務

以微服務為中心的發展考慮到了很多關於 SOA 的教訓，並定義出了某些人認為的 SOA 2.0。Sam Newman 在他的 *Building Microservices*（O'Reilly）書中提供了一個有用的定義：微服務是「共同工作的小型自主服務（autonomous services）」。

關於它們是小型的這件事，最重要的是要知道，微服務有明確的範圍和關注焦點。一個微服務是為解決一個特定領域的問題而專門建立的。第 7 章將更深入地探討服務（services）和流程（processes）之間的界限。

為了理解微服務的自主性（autonomy）這個面向，假設你的團隊被完全授權擁有一個以 SIM 卡配置（SIM card provisioning）為中心的微服務。你可以自由選擇你的技術堆疊（這是很典型的，前提是要在你們企業架構的邊界之內），你們的團隊自行部署和操作該服務。這允許你們自己決定如何實作或改變服務（只要不破壞 API 就行）。你們不必要求其他人為你們做任何事情，也不必加入某條發佈列車（release train）。這將使你們團隊能快速履行變更，實際上也提升了動力，因為擁有自己的服務使團隊成員真正感到有自主權。

套用微服務架構風格確實會對流程自動化產生影響。自動化一個業務流程通常涉及多個微服務。使用 SOA 的時候，人們認為必須在服務的「外部」有一個協調流程（orchestration process）來把它們組合起來。微服務風格則不允許微服務之外的業務邏輯，這意味著它們之間的協作（collaboration）是在微服務本身中描述的。

舉例來說，負責客戶新申辦的一個微服務擁有以申辦為中心的業務邏輯，這就包括申辦本身的業務流程。實作該微服務的團隊可能決定使用工作流程引擎和 BPMN 來自動化該流程，而這也會協調其他微服務。這是微服務的內部決策，從外部不可見，也就是一個實作細節。

微服務之間的通訊是透過 API 完成的，而不是像 SOA 那樣經由 BPM 平台。這種情況勾勒於在圖 4-3 中。

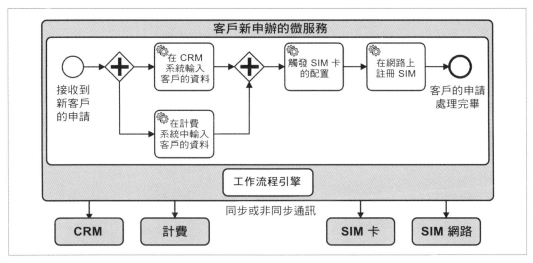

圖 4-3　流程是微服務業務邏輯的一部分，不需要中央工作流程引擎

在微服務社群中，經常有人提出不要使用協調的論點，而是主張讓微服務以事件驅動（event-driven）的方式進行協作。我們暫時擱置這個問題，留到第 8 章再討論。

## 無伺服器函式

微服務可能很小，但你可以將你的架構分解成更小的部分：函式（functions）。

無伺服器函式（serverless function）類似於你最愛的程式語言中的無狀態函式（stateless function），不過是在託管的雲端基礎設施中執行。這意味著你不需要自行提供一個環境讓函式在其中執行。無伺服器函式接受一些輸入並產生一些輸出，但除此之外完全自成一體。舉例來說，你無法持有能在當前調用之後存留的資料（除非將其儲存在某個外部資源中）。無伺服器（serverless）之所以受歡迎，是因為它承諾了靈活的規模可擴充性。你的函式沒有被使用時，你不需要為計算資源付費。當你的流量激增時，這些資源會自動擴大規模以進行處理。

但是，擁有一堆函式會產生一個問題，即它們要如何互動以實現一個目標。假設你想把這種方法用於客戶申辦。你實作了一個將客戶加入 CRM 系統的函式、一個將他們加入計費系統的函式、一個用於 SIM 卡配置的函式，諸如此類。

提供申辦功能最簡單的方式是建立一個組合函式，包括或呼叫其他函式：

```
function onboardCustomer(customer) {
    crmPromise = createCustomerInCrm(customer); // 2 秒
    billingPromise = createCustomerInBilling(customer); // 100 毫秒
    // TODO：等候 2 個 promises（承諾）
    simCard = provisionSimCard(customer); // 1 秒
    registerSim(simCard); // 4 秒
} // --> onboardCustomer 的 7 秒執行時間
```

雖然這看起來很簡單，但它有嚴重的缺點。首先，它只有在所有的函式都可用並且能快速回傳結果時才行得通。否則，你很容易就會發現有客戶在 CRM 和計費系統中建立了資料，但卻從未得到 SIM 卡，因為最後一個函式當掉了。此外，這種解決方案會積累延遲（latency），如前面的程式碼片段所示。即使較長的回應時間並不是問題，它也會在你的雲端帳單上增加費用，因為無伺服器供應商會以你函式所消耗的計算時間來收費。

因此，最好避免使用組合函式。取而代之，大多數專案使用他們雲端供應商的訊息傳遞功能（messaging capabilities）來創建一個函式串鏈（a chain of functions）。想像一下這樣的情況：

```
// 為訊息 "customerOnboardingRequest" 註冊回呼函式
function onboardCustomer(customer) {
    ... do business logic ...
    send('createCustomerInCrmRequest');
}
// 為訊息 "createCustomerInCrmRequest" 註冊回呼函式
function createCustomerInCrmRequest(customer) {
    ... do business logic ...
    send('createCustomerInBillingRequest');
}
// 為訊息 "createCustomerInBillingRequest" 註冊回呼函式
function createCustomerInBilling(customer) {
    ... do business logic ...
}
```

如此一來，你就擺脫了昂貴的組合函式，並使你的程式碼更具彈性。即使某個函式的程式碼失敗了，訊息佇列（message queue）也會記得接下來要做什麼。

但現在你會遭遇的問題，可能類似於與批次處理（batches）和串流（streaming）有關的問題：你的串鏈沒有端到端的的可見性，你沒有可以進行調整的單一位置，而且很難理解和解決故障情況。為了緩解這些問題（將在第 5 章的「其他實作選項的限制」中詳細解釋），你可以使用工作流程引擎來協調你的函式。要做到這一點，你將需要一個作為託管服務（managed service）執行的工作流程引擎。這意味著該工作流程引擎本身也是你的一個無伺服器資源（serverless resource）。

在申辦的例子中，負責開發客戶申辦函式的團隊也可以定義流程模型，如圖 4-4 所示的那樣。在這個流程模型中，每個服務任務都被粘接到一個函式呼叫上。技術上如何做到這點，取決於你具體的雲端環境；典型的例子有原生的函式呼叫（native function calls）、透過 API 閘道的 HTTP 呼叫，或者訊息。你所選擇的工作流程引擎也可能提供你可以使用的預建連接器（很適合使用第 3 章中「使用預先建置的連接器」所介紹的連接器的例子之一）。

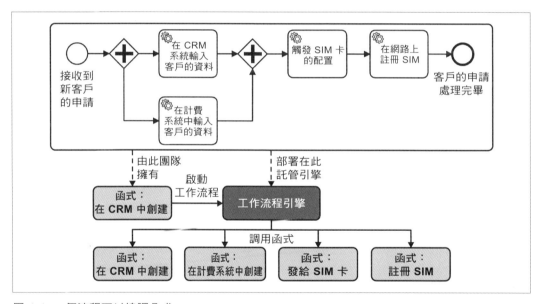

圖 4-4　一個流程可以協調函式

每當團隊部署申辦函式，它也需要在工作流程引擎上部署流程模型，這可能是自動化的。

今日，每個主要的雲端供應商在其平台上都具備有狀態的函式（stateful function）的協調能力（AWS Step Functions、Azure Durable Functions、GCP Cloud Workflows）。遺憾的是，它們都缺乏本書所描述的重要的工作流程引擎功能。具體而言，它們都沒有使用 BPMN，這導致了很有限的語言能力（參閱第 5 章的「工作流程模式」），以及很差的視覺化能力或根本沒有（參閱第 5 章的「圖形流程視覺化的好處」）。

因此，利用基於 BPMN 的工作流程引擎來協調函式有附加的價值，這是一個非常有前景的探索領域。你可以在本書的網站（*https://ProcessAutomationBook.com*）上找到一個使用 Camunda Cloud 和 AWS Lambda 的可執行範例。

## 模組化的單體

並非每家公司都有辦法或願意拋棄其單體（monolith）系統而選擇微服務或函式等細粒性（fine-grained）的系統。事實上，現在甚至有一種日益增長的趨勢，因為單體系統的一些優勢而採用它們。因為單體系統不是一種分散式系統（distributed system），它不需要經常對抗遠端通訊或一致性問題。而且你仍然可以應用模組化（modularization）策略，使得任何的變更都只會影響程式碼的一小部分。

如果單體能解決你的問題，那就完美了，而這往往與你的內部組織和規模有很大關係。一個由 10 人組成的開發團隊有可能很好地掌握一個單體系統，但在處理 100 個微服務時，卻要為增加的複雜性而掙扎。另一方面，擁有上千名開發人員的組織若是建置並發佈一個單體系統，可能不怎麼有生產力。

關於流程的有趣觀察是，你仍然可以在你的單體中套用本書所描述的實務做法。你將（希望是）以一種有意義的方式架構你的單體，例如透過元件化，將程式碼分類到套件中，並為重要的服務建立介面。為了設計可執行的流程，你只需協調這些內部元件，舉例來說，這可能轉化為使用本地端方法呼叫（local method calls）而不是遠端呼叫。工作流程引擎本身可以作為一個程式庫嵌入到你的單體系統中。流程定義只是成為單體原始碼中的一項額外資源。這在圖 4-5 中可以看到。

如此一來，你可以得到使用工作流程引擎的好處（具有狀態管理的長時間執行能力、流程的可見性），同時又不失去單體的好處（不用分散式系統）。增加一個工作流程引擎通常不會對效能產生太大影響。當然，這取決於你選擇的工具和你設置的架構，但即使工作流程引擎作為自己的服務執行，其額外負擔（overhead）也可能是最小的（就像資料庫一樣，它也是一個被耗用的遠端服務）。

此外，有了工作流程引擎，你就有可能在不重新部署整個單體的情況下部署變更過的流程模型。僅僅是這一點，有時就足以成為在大型單體中引入工作流程引擎的動機了。

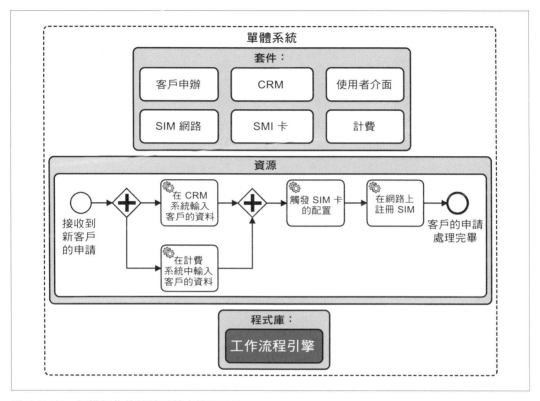

圖 4-5　在一個模組化的單體系統中協調元件

# 解構單體系統

雖然模組化單體（modular monolith）可以是一個有效的解決方案，但有許多公司正走在遷移的道路上，想從單體轉向更細粒性的架構。流程自動化可以在這個旅程中提供協助。想像一下，你已經有了上一節中的電信單體系統，但想改變客戶的申辦程序。你可以利用這個機會建立一個（微）服務來處理申辦，而不是把該流程擠進你的單體裡。

要做到這一點，你必須為所需的服務建立 API，這意味著你開始為你現有的單體添加介面。同時，你必須移除元件之間寫定的連結；例如，CRM 元件不應該再直接為新客戶呼叫計費元件，因為你想透過新的（微）服務來控制這種連接。圖 4-6 視覺化了這種做法。

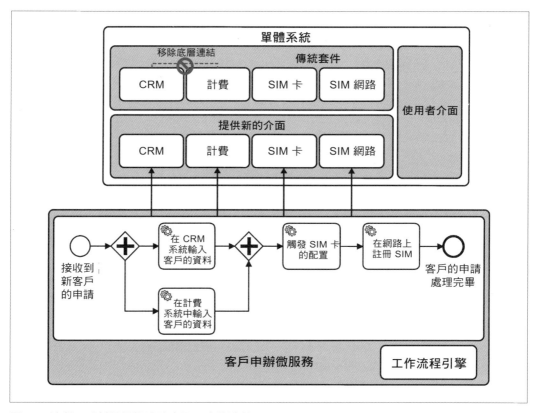

圖 4-6 流程可以幫忙慢慢消除底層不幸的連結

這些專案通常不容易處理。雖然這可能感覺像是膚淺的偽裝，但這是朝著解構單體和提高敏捷性的正確方向邁出的第一步。如果你持續對每一個流程都這樣做，那麼隨著時間的推移，你會慢慢地減少單體的體積，以支持一個更細粒化的架構。我所見過的最成功的架構轉型正是這樣做的：開發人員沒有做突然的轉型，而是不斷地遷移，一步一步，有紀律且有耐力。最初的幾步很難看到什麼差異，但五年之後，可以看到巨大的轉變。

# 協調決策

讓我們擴充一下申辦的例子，首先調用一些決策邏輯或業務規則來驗證客戶的申請。由此產生的流程如圖 4-7 所示。

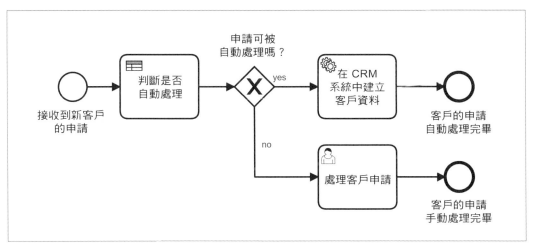

圖 4-7 這個流程協調客戶申請是否有效的決策

決策涉及到根據定義好的邏輯，從給定的事實（輸入）得出一個結果（輸出）。雖然這種決策邏輯可以由人類執行，但將其自動化往往是合理的，特別是在自動化的流程中。當然，它可以單純寫定（hardcoded）就好，但有一些特徵證明了使用特定的工具是有意義的。

首先，決策邏輯是重要的業務邏輯，需要被業務利害關係者理解。而且與流程的流程控制（control flows）相比，決策邏輯的變化快得多，所以能夠輕易更改這種邏輯對業務的敏捷性來說至關緊要。每當你了解到不去驗證某些客戶申請的好理由時，你就會想要在接納更多高風險客戶之前，即刻調整決策邏輯。你肯定希望避免這樣的情況：沒有人真正懂你們的決策邏輯，因為那被深埋在多年前寫的大量程式碼中。

除此之外，你還可以獲得決策實體（decision instances）的可見性，這樣你就可以知道某個客戶的申請之所以驗證成功或失敗的原因。

這就是決策自動化（decision automation）的領域。這裡的核心軟體元件是決策引擎（*decision engines*），它採用模型中所表達的決策邏輯，並套用它來依據給定的輸入做出判斷。這些引擎通常還可以對決策模型（decision models）進行版本控制，並儲存已經做出的決策之歷史。你可能會發現到與工作流程引擎的一些相似之處，但決策不是長時間執行的，它們可以在一個不可分割的步驟中完成。

# 決策模型與記號（DMN）

與業務流程的 BPMN 一樣，有一個全球通用的標準可用於決策：Decision Model and Notation（DMN，決策模型與記號）。它與 BPMN 很接近，而且它們經常被同時使用。

讓我們快速看一下 DMN 能做什麼。在本書中，我想關注的兩個概念是：

決策表（*Decision tables*）

> 這些用來定義決策邏輯。多年來對各種格式的經驗顯示，表格是表達決策邏輯和業務規則很好的方式。

運算式語言（*Expression language*）

> 為了自動化決策，你必須以電腦理解的格式來表達邏輯。同時，你也希望最終的決策邏輯非程式設計師也讀得懂。這就是為什麼 DMN 定義了 FEEL，這是一種足夠友好的運算式語言（friendly-enough expression language），可以執行，但也是人類可閱讀的。如第 2 章所述，有些工作流程引擎也在 BPMN 流程中使用 FEEL，例如決定在流程中要採取哪條路徑。

讓我們看一個例子。假設你想判斷是否可以自動處理客戶的申請。為此，你建立了圖 4-8 中視覺化的 DMN 模型。

| Automatic Processing Applicability | Hit Policy: First | | |
|---|---|---|---|
| **When**<br>Payment Type<br>"prepaid","invoice" | **And**<br>Customer Region Score<br>long | **And**<br>Monhtly Payment<br>long | **Then**<br>⊕ Manual Check Necessary? ⊕<br>boolean |
| 1 "prepaid" | - | - | false |
| 2 "invoice" | <50 | - | true |
| 3 "invoice" | >= 50 | < 25 | false |
| 4 "invoice" | >= 50 | >= 25 | true |
| + - | - | - | |

圖 4-8 用來找出風險的 DMN 決策表

你會使用某些資料點作為輸入：即付款類型（payment type）、對客戶所在鄰里的一些評分，以及與合約相關的月付款項（monthly payment）。這將產生一個輸出，在這個例子中是一個 Boolean 欄位，表示是否有必要進行人工檢查。

這樣的表格中的每一列（row）都是一條規則（rule）。輸入側的格子（cells）包含規則或運算式，並將解析為 true 或 false。這個例子中包含的檢查是 paymentType == "invoice" 和 monthlyPayment < 25。這些運算式是由表頭中的一些資訊和確切格子中的值所建立出來的。

現實生活中的大多數例子都是如此簡單，如圖所示，但也有可能使用 FEEL 建立更精密的運算式邏輯。作為一些範例，以下的運算式都是可能的：

```
Party.Date < date("2021-01-01")
Party.NumberOfGuests in [25..100]
not( Party.Cancelled )
```

在 DMN 表中，你可以有任意多的輸入欄（input columns）。這些運算式是用邏輯的 AND 來連接的。如果所有的運算式都解析為 true，則表示該規則「發動」了。

DMN 表可以控制在這種情況下會發生什麼。這就是你在圖 4-8 的頂端看到的命中策略（hit policy）。在此例中，它是「first」，這意味著第一個（first）發動的規則（從表的頂部開始算）將決定結果。所以在這個例子中，如果一個客戶選擇了「prepaid」，那結果在第一列就很清楚了：不需要進行人工檢查。其他的命中策略可能是，你希望只有一個規則被觸發，因為沒有重疊之處，或者你把發動的所有規則之結果都加總起來，例如把風險分數加起來。

雖然這個範例表只有一個輸出欄，但你想要有多少都可以。

就跟 BPMN 流程一樣，在底層 DMN 決策表被儲存為一個 XML 檔。典型的決策引擎剖析（parses）該決策模型，然後提供一個 API 來做出決策，如下面的虛擬程式碼所示：

```
input = Map
 .putValue("paymentType", "invoice")
 .putValue("customerRegionScore", 34)
 .putValue("monthlyPayment", 30);

decisionDefinition = dmnEngine.parseDecision('automaticProcessing.dmn')
output = dmnEngine.evaluateDecision(decisionDefinition, input)

output.get('manualCheckNecessary')
```

這段虛擬程式碼以無狀態（stateless）的方式使用一個決策引擎。它剖析了一個檔案，然後直接估算（evaluates）了決策。雖然這是非常輕量化的，但你可能想利用決策引擎的一些更進階的能力，例如決策模型的版本控制或保存決策歷史。所以你的程式碼可能看起來更像這樣：

```
input = Map
 .putValue("paymentType", "invoice")
 .putValue("customerRegionScore", 34)
 .putValue("monthlyPayment", 30);

output = dmnEngine.evaluateDecision('automaticProcessing', input)

output.get('manualCheckNecessary')
```

## 流程模型中的決策

決策引擎當然也可以獨立使用。雖然那麼做有很好的案例存在，但本書的重點是流程自動化的背景之下的決策。在這種情況下，決策可以被掛接到（hooked into）流程中。

在 BPMN 中，甚至有一種特定的「業務規則（business rule）」任務型別可用於此。出於歷史因素，它被稱為業務規則任務（business rule task），而不是決策任務，因為 BPMN 標準化的時候，這些工具被稱為業務規則引擎（*business rule engines*）；今天，業界說的則是決策引擎（decision engines）。

雖然業務規則任務定義一個決策應由決策引擎做出，但它並沒有在技術層面上明確指出這意味著什麼。所以，你可以寫你自己的膠接程式碼來調用你所選的決策引擎。

另一個選擇是使用供應商特定的擴充功能。例如，Camunda 提供了一個 BPMN 工作流程引擎和一個 DMN 決策引擎，並在底層將它們整合在一起。這意味著，你可以在流程模型中直接參考決策。在操作上，關於某個決策是如何做下的稽核資訊也可以直接從流程實體的歷史獲得。

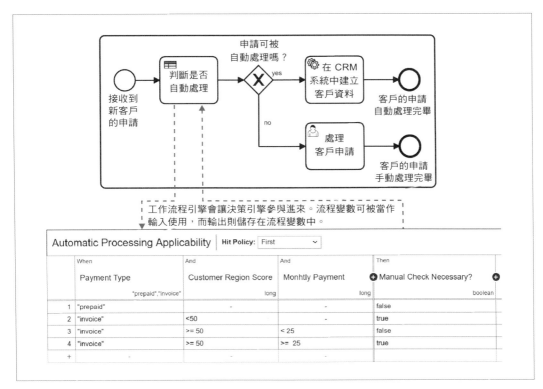

圖 4-9　一個 BPMN 流程可以調用 DMN 決策

使用 DMN 的決策自動化是改善業務與 IT 之間合作很好的辦法，並且隨著決策邏輯變得更容易改變而提高敏捷性。DMN 是 BPMN 的一個很好的補充，因為自動化決策有助於自動化流程中的任務。

## 協調人類

當然，並非每個流程都是完全自動化的，即使大多數公司都試圖將其流程自動化到最高程度。有三個典型的原因需要讓人類來完成任務：

- 有了自動化，你往往需要有人類任務管理作為備選方案。人類可以輕易處理那些對自動化來說成本太昂貴的 10% 非標準案例，或處理特殊情況。

- 人類任務管理通常是邁向自動化的第一步。這能讓你快速開發、推行和驗證一個流程模型，或許只由人類任務構成。然後，你可以透過用機器逐個任務「取代」人類來提高自動化程度。

- 人類繼續在流程中更具創造性的領域發揮作用，如處理罕見的情況或做出決定。藉由自動化消除重複性的任務，不僅可以提高他們的處理能力，而且還可以消除人工和自動化工作之間的摩擦。

請注意，你的業務部門不太可能談論「協調人類（orchestrating humans）」；更常見的（和心理上可接受的）術語是人類任務管理（*human task management*）。

使用人類任務管理的一個申辦流程可能看起來像圖 4-10 這樣。

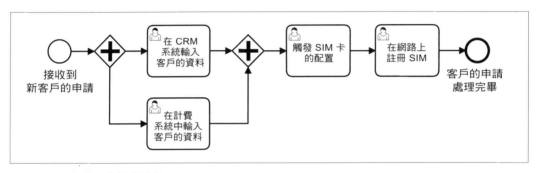

圖 4-10　一個協調人類的流程

即使任務本身沒有自動化，使用工作流程引擎來自動化流程控制仍然有很多好處，特別是如果你把它與最有可能的替代方案，也就是透過電子郵件傳遞新的合約，由不同的人手動將資料新增到所有的這些系統中。舉例來說：

- 你可以確保沒有客戶訂單丟失或卡住，從而提升服務的可靠性。

- 你可以控制任務的順序。例如，你可以平行化 CRM 和計費系統的資料輸入，但仍能確保在任何東西被配置之前，兩者都有完成。這加快了你的整體處理時間。

- 你可以確保正確的資料被附加到一個流程實體上，所以每個參與的人手上總是有他們所需的東西。

- 你可以監控週期時間和 SLA，確保沒有客戶的訂單停留太久。你還可以更系統化地分析你能在哪些方面做出改善，這有助於你提高效率。

- 你會得到以你的流程為中心的一些 KPI，例如客戶訂單的數量、合約的類型等等。

業務部門可能根本不談工作流程引擎、協調或人類任務管理，即使這些技術正在後臺運作。以送入的發票之審批為例。也許經理人員有一個使用者介面，可以看到所有未決的發票，在那裡他們可以很容易地批准這些發票，從而使它們得到支付。其他人會做實際的支付工作。這是你可能從會計工具那裡得來的熟悉用戶體驗。但在幕後，可能仍有帶有流程模型的工作流程引擎在起作用，所以也許現實中要批准的發票清單是由流程實體創建的人類任務清單。在這種情況下，從業務角度來看，流程模型和人類任務都不是很明顯。

我們將在接下來的章節中討論人類任務管理的一些有趣面向。

# 任務指派

有個重要的問題是，誰應該執行某項特定的任務。大多數工作流程產品都有提供每個人類任務可立即套用的生命週期，如圖 4-11 所示。

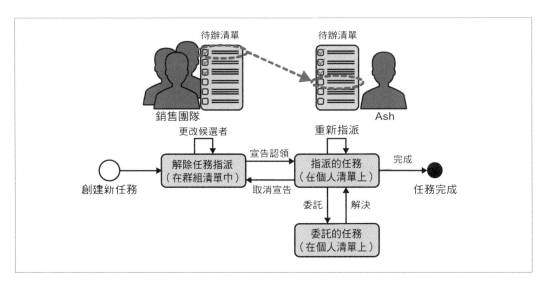

圖 4-11　一項人類任務的典型生命週期

這個例子允許你區分候選者（candidate people）和被指派者（assigned people）。任何候選者都可能進行這個任務，例如「銷售團隊（sales）的某人」或「Joe、Mary、Rick 或 Sandy」。這些候選人中第一個開始工作的人宣告認領該任務，然後那才會被指派給他們個人。這種宣告（claiming）避免了兩個人因巧合而從事同一任務的情況。當被指派的人希望其他人解決（部分的）工作時，任務可以被委託（delegated）。當他們完成後，就傳回給被指派者。這與重新指派（reassigning）工作不同，後者意味著將任務交給另一個人，然後由那個人完全負責完成手頭的工作。

作為一般原則，你應該將流程中的人類任務分配給一群人，而不是特定的個人（例如「銷售團隊」）。這不僅簡化了指派規則，而且也能適應新員工、離職、休假、病假等情況。當然，也可能有例外，例如指派給某個地區專責的銷售人員。

請注意，在你的流程中，並非所有的人都必須是你們公司的員工。你也可以給客戶分配工作，例如要求他們上傳缺少的文件。

在 BPMN 中，人員的指派是由每個使用者任務的屬性（attributes）所控制的。這裡有個例子：

```
<bpmn:userTask id="Check payment"/>
  <potentialOwner>
    <resourceAssignmentExpression>
      <formalExpression>sales</formalExpression>
    </resourceAssignmentExpression>
  </potentialOwner>
</userTask>
```

## 額外的工具支援

有些工具提供以通知（notifications）、逾時處理（timeout handling）和向上呈報（escalation）、假期管理（vacation management）或替換規則（replacement rules）為中心的額外功能。這些功能通常可以被設定為任務的屬性，因此在圖形化的流程模型中是看不到的。

運用這些能力會是好主意，不需要把這些面向都手動建模到每一個流程中。因此，雖然你可能很想透過 BPMN 為在佇列中等待太久的工作進行電子郵件提醒的建模，但如果你的工具可以透過一個簡單的組態選項立即辦到，就請避免去那樣做。這將使你的模型更容易建立、閱讀和理解，正如你可以在圖 4-12 中看到的。

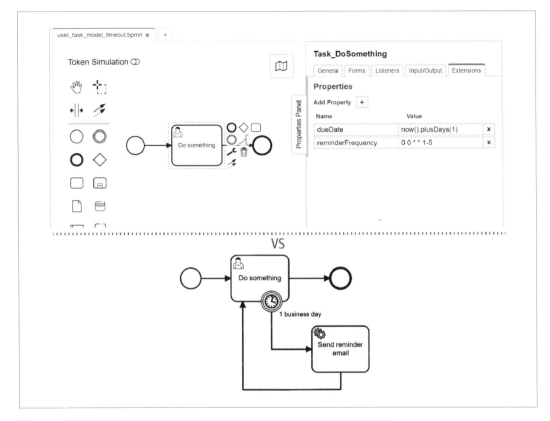

圖 4-12 不需要替使用者任務的內建生命週期可以為你解決的事情建模

對於工作流程引擎來說，支援人類任務管理本身就是一種挑戰。除了供應商需要為終端使用者提供圖形化的使用者介面之外，引擎還需要支援以任務的過濾（filtering）和查詢（querying）為中心的廣泛功能。

雖然這起初聽起來很容易，但如果你需要面對數以千計的員工，每天處理數以百萬計的任務，這就會變得相當複雜。你還面臨著提供有彈性的查詢功能之挑戰，不能允許單個用戶使得整個公司的效能下降。如何實作這一點在不同的供應商之間有所差別，但這絕對是類型相當殊異的工作負載，而不是像微服務那樣做著一個又一個的任務。

# 使用者任務的使用者介面

工作流程引擎控制著流程。它知道每個流程實體下一個需要人類執行的活動是什麼。但是，人類也需要知道這些！因此，工作流程引擎需要與真人溝通的方式。

有種做法是使用你供應商所提供的任務清單應用程式（tasklist application），如第 2 章的「任務清單應用程式」所介紹的。這些工具通常能讓終端使用者過濾任務。這意味著他們可能需要把業務資料加進去，因為終端使用者不僅想看到任務名稱，還想看到業務資料，例如訂單 ID、申請的產品或申請人的名字。

另一個重要的面向是，支援哪些種類的任務表單（task forms）。有些產品只允許透過定義簡單的屬性來創建基本表單。其他產品則提供自己的表單建模器。有些則允許你嵌入 HTML 或使用自訂表單，像是你自訂的 Web 應用程式中的單一頁面，或由專門的表單建置器應用程式所創建的表單。請記住，你經常需要將來自流程的資料與任務中所參考的實體（entities）之領域資料（domain data）混合在一個表單中，如圖 4-13 所示。這將為你的使用者帶來更好的可用性。

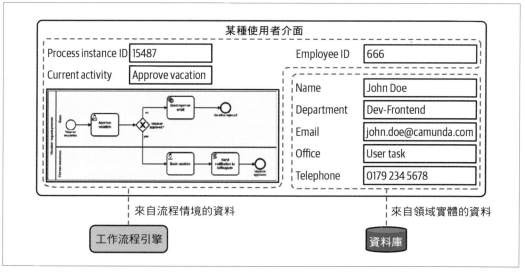

圖 4-13　在使用者任務的表單中，源於工作流程引擎的資料往往需要與領域資料相混合

使用你的工作流程供應商的任務清單應用程式可以是快速入門的好方法。你可以立即為你的流程建立一個原型（prototype），並點擊測試過它，甚至是與業務利害關係者驗證流程模型。如果能用真實的表單進行角色扮演，而非閱讀正式的模型，大多數人對流程模型的理解會好得多。

但也有這樣的情況：你有必須用更客製化的方式讓人類參與進來的需求。例如，你可能得使用電子郵件、聊天或語音互動。工作流程引擎可以向需要做某事的人發送一封電子郵件，這封郵件包含所有相關資訊，以便該人完成手頭的任務。當他們完成後，他們可以透過回覆該郵件或點擊郵件中的連結來表示。

另外兩種常見的情況是使用第三方的任務清單應用程式或開發一個完全自訂的使用者介面。讓我們簡短探討一下這兩種選擇。

## 使用外部的任務清單應用程式

工作流程引擎可以調用一個外部應用程式的 API，如圖 4-14 所示。這可能是已經被公司廣泛採用的某種任務清單 app，像是 SAP 或 Siebel 所提供的那類，或者一些非常廣泛的應用程式，例如 Trello 或 Wunderlist。我還見過有客戶使用大型主機（mainframe）上的螢幕來處理未決的任務，因為那是過去所有員工的日常工作方式。任務清單也可能被稱為工作清單（job lists）、待辦事項清單（to-do lists）或收件箱（inboxes）。

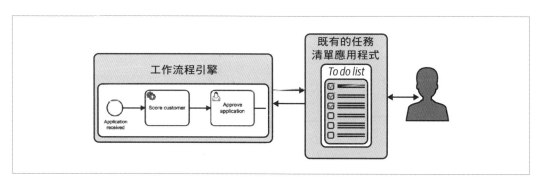

圖 4-14　使用者任務產生了任務清單應用程式中的待辦事項條目

無論採取什麼形式，這種應用程式都能讓使用者看到所有未決的任務、表明他們已經開始處理某項任務，以及將任務標示為已完成。其狀態會被回報給工作流程引擎。在實作這樣的整合時，你需要注意：

- 每當一個流程實體進入一個使用者任務時，就在任務清單應用程式中創建任務。
- 在工作流程引擎中完成使用者任務，並在使用者處理完畢後繼續在流程中前進。
- 取消任務，由工作流程引擎或 UI 的使用者觸發。
- 將需要編輯的業務資料轉移到待辦事項應用程式中，反之亦然。

經驗證明，事先考慮某種問題檢測機制會是個好主意，以防兩個系統出現分歧，例如，由於遠端呼叫失敗而導致的不一致。

第三方應用程式的使用通常是在已經有向員工提供一個既定的任務清單應用程式之時，因為這允許他們繼續使用熟悉的應用程式。他們甚至可能沒有意識到有一個工作流程引擎在起作用，或者幕後有某個產品被替換了。在這種情況下，認證（authentication）和授權（authorization）的問題往往已經解決了。

## 建立一個自訂的任務清單應用程式

如果你需要比供應商的任務清單應用程式所能提供的更客製化的體驗，你可以自行開發一個訂製的應用程式。這可以完全適應你的要求，無須妥協。你可以在開發框架和程式語言中自由選擇，而你自訂應用程式內的任務可以遵循你們的風格指南（style guide）和可用性概念（usability concepts）。如果你將工作流程工具嵌入到你自己的軟體產品中，或者你想將你的任務清單推行給成百上千的使用者，而且使用者介面的效率是很重要的，那麼通常就會這樣做。

這種方法也能讓你滿足非常特殊的需求。舉例來說，你可能會面臨這樣一種情況：你有幾個使用者任務，從業務角度來看，這些任務是重度相互依存的，因此應該由同一個人在一個步驟中完成。想像一個文件輸入管理（document input management）流程，你決定用個別的流程實體來管理每份文件，但把由幾份這樣的文件所組成的郵件作為一個捆裝的任務（bundled task）呈現給用戶。圖 4-15 中展示了一個例子。

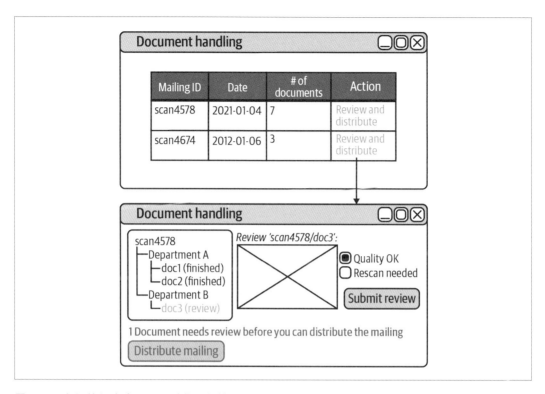

圖 4-15　自訂的任務清單可以隱藏複雜性並提高效率

在我參與的一個真實專案中，這種做法讓一個組織的員工能夠更有效地工作。這種分組方式在自訂的任務清單中是沒有問題的，但在開箱即用的應用程式（out-of-the-box applications）中可能就做不到了。

# 協調 RPA 機器人

讓我們把注意力從協調人類轉向協調機器人（orchestrating bots），準確地說，是 RPA（robotic process automation，機器人流程自動化）的機器人。RPA 是處理不提供 API 的舊有應用程式的解決方案，因為許多較舊的系統是在對連線性沒有那麼大需求的時候開發的。RPA 工具可以自動化現有圖形化使用者介面（graphical user interfaces，GUI）的控制。涉及的主題有螢幕抓取（screen scraping），影像處理（image processing），OCR，以及機器人操控 GUI。這就像吃了類固醇的 Windows 巨集錄製器（macro recorder）。

RPA 最近經歷了快速增長，並成為一個巨大的市場，得到了分析家的認可。

假設你的計費系統非常老舊，不提供任何形式的 API。你可以使用你選擇的 RPA 工具，為你的申辦流程自動化資料的登錄。在 RPA 的行話中，這被稱為一個 *bot*（機器人）。如何開發這個 bot 取決於具體的工具，但通常你會錄製 GUI 的互動，並在 RPA 的 GUI 中編輯 bot 所需採取的步驟，像是「點擊這個按鈕」或「在這個文字欄位中輸入文字」。圖 4-16 中展示了一個例子。

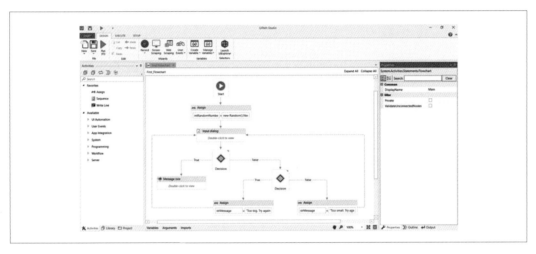

圖 4-16　一個典型的 RPA 開發環境和流程的實例

需要注意的是，這個 bot 應該只實作一種功能。就 BPMN 流程而言，bot 只是實作一個服務任務的另一種方式，如圖 4-17 所示。

當然，bots 總是比真正的 API 呼叫要脆弱的多，所以只要有可能，你應該優先選用 API。但遺憾的是，現實生活中充滿了障礙。系統可能沒有提供你需要的 API，或者你可能面臨開發資源的短缺。假設在計費系統中登錄資料的工作，由於工作人員的申辦工作量過重而被延遲了。業務部門需要迅速解決這個問題，因為客戶開始因為長時間的延遲而取消訂單（這導致了更多的手動工作，因此產生一種非常不幸的螺旋式下降）。但是 IT 部門被其他緊急工作淹沒了，所以他們無法馬上進行這種整合。

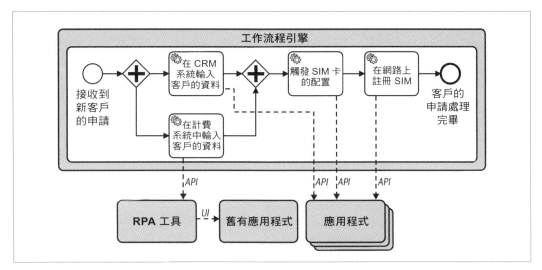

圖 4-17 流程也可以協調 RPA 機器人

開發 RPA 機器人可以成為業務部門快速推進的好方法，而不需要 IT 部門的幫助，這在現階段對公司是有利的。但是你需要記住，機器人很難維護，並且仰賴於可能快速變化的使用者介面，而如果 RPA 解決方案和機器人不是由 IT 部門來管理或操作，這可能會導致未來的架構問題。

所以在這個例子中，你應該直接規劃用一個真正的 API 來取代機器人。我甚至看到一些組織要求專案在引入新的 RPA 機器人時，回報技術債（technical debt），以確保之後有解決這個問題。

你可以保留人類任務作為 RPA 機器人出現錯誤時的後備方案，以處理圍繞著機器人脆弱性的一些問題。這樣你就可以集中精力自動化 80% 的案例，並將例外情況交由人類處理，如圖 4-18 所示。

現在，有一個風險是你應該注意的。正如你在圖 4-16 中看到的，一個 RPA 流程也是一種流程模型。這可能導致一些公司試圖用 RPA 工具來自動化核心業務流程，尤其是當他們苦惱於 IT 部門的有限頻寬之時。不幸的是，這並不奏效。

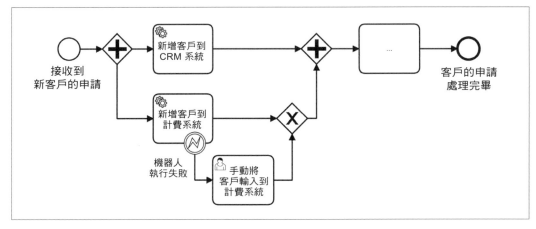

圖 4-18 這個流程協調以人類為後備的一個機器人

 RPA 並非是為了自動化核心業務流程而存在的。把 RPA 工具當作一個低程式碼流程自動化平台（low code process automation platform）是一種陷阱。使用 RPA 流程來自動化整個業務流程有嚴重的缺點和風險。低程式碼的所有缺點皆適用於此，另外 RPA 流程很快就會成為一個瘋狂的精細度混合體，含有業務流程邏輯以及使用者介面的控制順序。

工作流程引擎應該始終是控制整個流程的主要驅動力，並在需要與出於某種原因無法透過 API 呼叫的某項資源做整合時，呼叫 RPA 機器人。

RPA 被套用在流程的一個步驟中。只要你能切換到 API，你就應該立刻那麼做。這種架構之美在於，你可能甚至不需要改變你的流程模型：單純改為呼叫 API 而非 RPA 機器人。

# 協調實體裝置與事物

但我們不需要停留在 RPA 機器人上。我們還可以協調物理裝置,例如真正的實驗室機器人(lab robots,*https://oreil.ly/WRBb2*)。

嚴格來講,協調裝置可以歸結為協調軟體,因為裝置是透過 API 整合的。不過,還是有一些具體的細微差別存在。特別是,以物聯網(Internet of Things,IoT)為中心的新興用例有一個共通的模式,即無數的裝置連接到網際網路(internet)並產生資料。這些資料可以觸發動作,然後可能涉及協調。

讓我們透過觀察以飛機維護為中心的一個用例來了解這點。假設一架飛機產生一個持續的感測器資料串流,例如當前的油壓。一個串流處理器(stream processor)可以從該測量資料中推導出一些實際的資訊,例如油壓過低。這是另一條資料串流。但現在我們必須依據這種見解採取行動,並在下一個可能的機會安排維修。這是一個流程開始的地方,因為現在我們關心的是,機械技師在規定的時間範圍內深究這個發現、決定如何處理此問題,並安排適當的維修行動。這在圖 4-19 中視覺化表示。

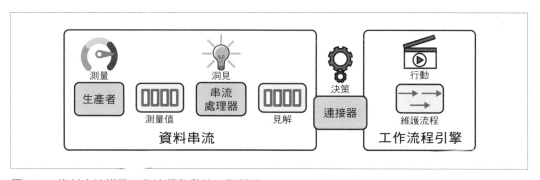

圖 4-19 資料串流導致工作流程啟動的一個例子

從一個被動的串流到會對串流中的資料做出反應的流程,這種轉變是非常有趣的。在一個具體的真實專案中,可能會有一個有狀態的連接器(stateful connector)被開發出來,為機械技師的每個洞見(insight)啟動一個流程實體,而且每個洞見只啟動一次。如果對於相同的硬體,油壓持續回報為太低,這就不會啟動額外的流程實體。如果油壓恢復正常,這個洞見就會被繞送到現有的流程實體,如此一來該流程實體就能採取行動。舉例來說,它可能只是被取消了,因為不再需要維護了。

# 結論

本章展示了工作流程引擎如何能夠協調任何東西,從軟體到決策到機器人和裝置。這應該有助於你了解流程自動化可以解決什麼樣的問題。當然,在現實生活中,用例是重疊的,所以流程通常涉及各種元件的混合體。為了實作一個端到端的流程(end-to-end process),你可能需要協調人類、RPA 機器人、SOA 服務、微服務、決策、函式,以及其他軟體元件,全都在同一個流程中。

要注意有些人不談論協調(orchestration),而是談論人類任務管理(*human task management*)和直通式處理(*straight-through processing*)。這是基於術語心理學的一個微妙觀點。

# 第 5 章

# 提倡工作流程引擎和 BPMN

本書的焦點是使用工作流程引擎和 BPMN 來自動化流程。當然,在開發人員的工具箱中,還有自動化流程的其他方法。此外,BPMN 也不是你唯一可以使用的流程建模語言。

本章向你介紹了我為何做出這些選擇的背景。希望這些知識不僅能說服你,還能幫助你與你的公司或組織討論為什麼某些情境能從工作流程引擎和 BPMN 受益。如果你只是想繼續前進,了解更多關於流程自動化的知識,請隨意跳過這一章;你可以在之後再來學習。本章:

- 解釋了使用工作流程引擎的替代方案,以及你應該注意的取捨

- 描述流程建模語言的不同選擇,並解釋為什麼我認為 BPMN 是最佳選擇

- 簡要介紹了使用區塊鏈(blockchain)的流程自動化,因為它經常作為一個沒有人真正理解的話題出現。

## 其他實作選項的限制

有許多常見的方法,開發人員每天都在使用,以實作流程自動化。每種實作方式都有自己的缺點,而它們全都可以從工作流程引擎的採用中受益。讓我們來探討一下這些典型的替代方案是如何運作的。

## 寫定的流程

寫定流程（hardcoded process）的自動化在第 1 章的「狂野西部整合」中有涵蓋過，沒有多少可補充的，但為了完整起見，我還是想把標題寫在這裡。

## 批次處理

批次處理（batch processing）是一種非常流行的流程自動化選項。讓我們先來探討一下什麼是批次作業（batch job），以及如何用一組批次作業來實作流程自動化。

你有沒有在飯店裡搭乘過擁擠的電梯？這是對批次作業的一個很好的類比。所有的項目（在此例中，即你和任何其他乘客）都必須等待，直到電梯到達；然後他們都被裝在裡面一起處理（在此例中，即升到各個樓層）。

在摩天大樓的飯店裡，你甚至可能要換電梯，所以在第一次成功的批次作業（乘坐電梯）之後，你必須排隊等待下一次批次作業。如果有人使用緊急停止裝置，機艙內就不會有人繼續前進。

這裡發生的流程是你從飯店大廳移動到你的房間，而這是由多個批次作業所實作的。單個作業通常並不真正了解整體流程，即使有些架構師可能曾仔細考量過通往你房間的整個旅程。

這個譬喻比典型的 IT 批次作業更友好。電梯對你按下的按鈕有反應，所以你的批次作業執行的等待時間相對較短。大多數現實生活中的批次作業都是時間控制的；假設有多部電梯，電梯 A 可能在上午 8 點上升，電梯 B 在上午 9 點上升，以此類推。在這種情況下，整個旅程可能需要很長的時間。

所以，一個批次作業只關注流程中的一個任務，但整個流程是由連續的多個批次作業所實作的。批次處理與真正的流程實際上是正交（*orthogonal*）的。

圖 5-1 中顯示了批次處理的一個實際例子。在此，客戶線上請求更新他們的信用額度。這個請求沒有被立即處理（被稱為線上處理，*online processing*），而是在一個佇列（queue）中等待，直到下一批次的執行，這通常發生在一天中的特定時間。然後，在這個批次中等待的所有項目被一次性處理。

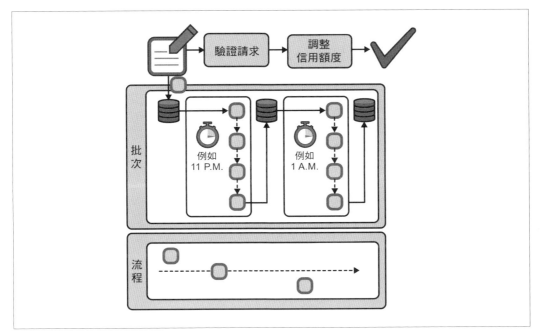

圖 5-1　批量處理是與實際流程正交的

批次處理是一種非常流行的做法，因為這就是電腦剛誕生時的運作方式。剛開始時，電腦一次只能執行一個程式，從磁帶等循序記憶體（sequential memory）中讀取資料。今日，大型主機（mainframes）仍然是為批次處理而最佳化的，可以非常有效和快速地處理大量資料，即使只是在一次交易（transaction）中就能處理很多。但是這些正交的批次對於流程自動化來說有嚴重的缺點存在：

- 批次處理給個別的工作單元增加了*處理延遲*（*processing latency*），從而拉長了流程週期時間。雖然這種行為在郵寄信件的時代通常是可以容忍的，但在智慧型手機的時代，它不再能滿足客戶的期望。一些組織試圖透過更頻繁地執行批次處理來減少延遲，甚至到了一個批次作業在前一個完成之前就開始的地步，這導致了各種奇怪的共時性（concurrency）問題。

- *失敗處理*（*failure handling*）變得更加困難，原因有三。首先，一個錯誤經常會使整個批次作業停止，而且不是所有的批次作業都可以從它們上次停止的確切位置重新啟動。這不僅導致了所有項目的額外延遲，也可能導致重複處理。第二，失敗情況沒有對外開放出任何背景資訊。操作員可能只是看到批次作業中的失敗和導致失敗的記錄，而沒有任何說明指出該條記錄是如何出現的、為什麼它含有那種奇怪的資料、這個記錄在下游會導致什麼發生，諸如此類。第三，我們通常不清楚如何清理一個失敗的批次作業，並回到原來的狀態以恢復一致性。簡而言之：操作員不清楚整個流程。這使得分析或修復問題變得非常困難。

- **在此流程是不可見的**，因為它隱藏在批次作業之間的連接中。公司需要在排程方面投入大量的精力，以確保批次以正確的順序執行。他們必須做考古工作來了解流程。整個構造變得很脆弱，並難以改變。

很多企業已經啟動了「取消批次處理（unbatching）」的計畫，他們開始逐步退出批次處理以避免這些缺點。我最近看到的一個例子是，一家大型汽車保險公司開始取代以企業車隊的合約續訂為中心的一些批次處理工作。他們為一個客戶整個車隊的續約設計了一個端到端的流程，並為每個合約啟動子流程。藉此，他們不僅降低了整體處理時間，還減少了失敗的批次作業所衍生的問題。每當有合約出現失敗情況，就會在那故障的單一流程實體中創建一個事故（incident），這樣就很容易識別該失敗情況並進行了解，再加以解決，然後繼續執行該流程。在解決該事故的同時，整個續約流程仍然可以繼續，所以失敗情況不會影響其他合約或客戶。

在某些用例中，你需要查看所有記錄的資料，例如計算總數時。在這些情況下，批次作業不是與流程正交的，而是流程中的一個任務。從一個流程的角度來看，這問題就沒那麼大。

## 資料管線與串流

近年來，資料串流（data streaming）已經變得越來越流行。資料串流背後的想法是要擺脫「靜止的資料（data at rest）」，即儲存在某處並由時間控制的大型批次作業來處理的那種資料，轉向以穩定的串流（stream）來發送資料，通常是透過佇列或不可變的日誌（immutable logs）。資料在到達時會由所謂的**串流處理器**（*stream processors*）處理。這減少了等待時間（延遲），提高了處理速度。

有個很好的例子可以說明這一點，那就是檢測信用卡支付的雙重刷卡（double swipes），即商家為了獲得額外的付款而刷卡兩次。雖然這在傳統上是由可以捕捉到雙重資料的夜間批次作業來偵測的，但現在可以透過使用串流架構（streaming architecture）來即時發現。這樣就可以立即向顧客發出通知，甚至希望他們還在店裡的時候就得到通知，如圖 5-2 所示。

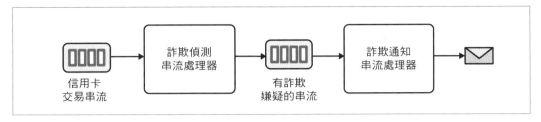

圖 5-2 資料串流讓資料動起來，減少了延遲

串流架構與反應式系統（reactive systems）相輔相成，因為串流處理器是反應式的，它們單純是對進入的新資料做出反應。請注意，這個市場上的一些工具會說是資料管線（*data pipelines*）或 資料流（*data flows*），而非資料串流（*data streams*），而另一些工具則以事件（*events*）來稱呼，而非資料（*data*）。

串流可以被用於各式各樣的用例。一個常見的例子是提取（extract）、轉換（transform）、載入（load）的 ETL 作業，將資料從一個資料庫抽取到另一個資料庫，例如從你的生產系統到你的資料倉儲（data warehouse）或資料湖泊（data lake）。另一個典型的例子是使用無伺服器函式（serverless functions）為上傳到某種儲存區的每張圖片創建一個縮圖（thumbnail）。

資料串流和流程自動化之間的界線可以變得很細，因為你可以透過連續的幾個串流處理器來實作一個流程，如圖 5-3 所示的訂單履行流程。

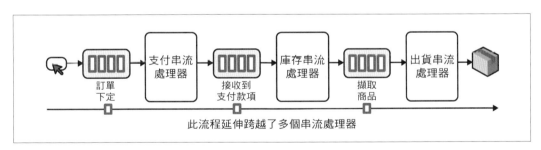

圖 5-3 使用串流實作一個流程

使用串流來實現流程自動化的缺點絕大部分都與傳統的批次處理相同，只是少了延遲方面。你缺乏可見性，而你改變流程的能力是有限的。很難操作這樣的系統和診斷故障，也很難查詢到當前的狀態。讓我們簡短看一下這些缺點的細節。

對流程缺乏可見性，因為它是由串流處理器的拓撲結構（topology）所實作的。流程實體只是虛擬的存在，因為有資料在佇列中流動。你沒有辦法檢視整個流程到底是如何運作的。行為是在執行時才出現的，這使得它很難理解，特別是與明確定義流程邏輯的做法相比。我最近聽到了 Neal Ford 所創造的術語「彈珠機架構（pinball machine architecture）」，我認為這很好地抓住了其中的精隨。

你改變流程的能力也很有限，主要是因為要改變你不了解的東西真的很難。不過讓我們假設你在考古方面做得很好，並設法得到一個清晰的畫面，但若是不同時改變多個串流處理器，你仍然無法做出某些改變，而那可能需要經過協調的部署。這最終會導致你會想要避免的一定程度的耦合（coupling）。

第 8 章更深入地討論了這個問題，並解釋了什麼是事件驅動的通訊（event-driven communication）和串流架構的好壞用例。在那裡你會看到，某些情況下，串流是很好的，但它也可能損害你的架構。

典型的工具只允許非循環（acyclic）的模型，這意味著你不能繞回去。雖然這對 ETL 作業來說是一個合理的抉擇，但它確實限制了這些工具在自動化流程中可能的用例。一般來說，你在許多流程中都會有作業迴圈（operational loops）。舉例來說，客戶可能會對訂單改變心意、付款可能會被退回、堆高機可能會輾過你精美的小包裹，很多事情都可能發生，意味著你必須回到流程中重新開始。

為了解決可見性方面的問題，一些工具允許你對資料串流進行圖形化建模。但是，即使有了這些圖形，仍然很難操作你所建立的解決方案，因為整個業務流程的狀態分散在串流中四處流動的資料中，甚至可能是串流處理器本身的狀態。如果你需要查詢一個流程實體目前的狀態，你不能詢問單一個元件，而可能要把來自不同來源的資料碎片拼湊起來。

如果處理過程中出現故障，這將變得更加具有挑戰性。你無法單純停止處理一個特定的實體、捕獲問題，並提醒某人來解決該問題。取而代之，你必須把有毒的資料項目寫進某種無效信件佇列（dead letter queue），以標示錯誤。

## Actor 模型

行為者模型（actor model）是處理共時計算（concurrent computing）的一種做法，它以訊息傳遞（messaging）為基礎：其基本思想是，有單一個負責任的軟體元件，即所謂的 actor（行為者），它處理每一個特定型別的訊息，因此可以完全控制多緒執行

（threading）和平行處理（parallelism）的程度。Actors 之間（或甚至是與自身）只透過訊息傳遞來通訊。這使你不僅能夠運用佇列，還可以擴充整個系統的規模，因為平行處理通常僅限於單一個 actor。

Actors 被允許擁有本地端的續存性（local persistence）。有些框架明確地知道續存行為者（persistent actors）的概念，所以你可以輕易建立出實作一個流程的 actor，與其他 actors 進行通訊以完成某些任務。

專案經常將他們的流程寫定到這樣的一個續存行為者中。這有一些很好的優點，特別是，流程定義集中放在一個地方，很容易找到和更改。但它也有嚴重的缺點，你應該記住：

- 沒有一種建模語言支援長時間執行之行為所需的模式（描述於本章的「工作流程模式」）。這意味著你必須自行為所有的這些行為編寫程式碼。

- 流程的邏輯被埋沒在原始碼中，是看不到的，這使得所有利害關係者都難以理解流程。

關於 actor model（行為者模型）的一個重要觀察是，在業界中的採用有限，這比較是實務的考量。即使有些工具在某段時間內大力提倡 actor 的做法，而且這個概念毫無疑問是對某些情況有益的，但並沒有多少公司大規模地採用這種做法。特別是因為你必須把你的架構全部押注下去，才能擁有 actors 的一個生態系統以利用其好處，這是一種罕見的情況。

如果你套用 actor，有一種有趣的可能組合：你可以建立一個 actor 來實作流程，但利用工作流程引擎來處理細節。這就減輕了相關的壞處，是很好的組合。你可以在本書的網站上找到一個範例的連結（*http://ProcessAutomationBook.com*）。

## 有狀態的函式

現代的串流和雲端環境提供了一個概念，叫做*有狀態的函式*（*stateful function*，例如 Azure 的 Durable Functions）。這樣的函式可以是長時間執行的，並在每次執行之間保存其狀態。這有點類似於上一節中描述的續存行為者（persistent actors）。

雖然這種功能也可以用來自動處理長時間執行的流程，但與使用專門的工作流程引擎相比，它有嚴重的缺陷：

- 沒有一種建模語言支援表達長時間執行的邏輯所需的模式（流程建模語言將在下一節中詳細介紹）。

- 沒有流程邏輯的圖形化表示，這使得業務、開發人員和營運人員之間的協作更加困難。總的來說，這些框架只針對開發人員，不考慮其他角色。

- 圍繞著排程和版本控制的支援非常有限。因此，舉例來說，函式不能輕易執行同一協調程式碼的不同版本，或者只能藉由變通方法來實作。

- 周邊的工具，例如用於操作的工具，都是非常基本的。

請注意，目前這一領域有諸多創新正在發生，特別是以無伺服器架構（serverless architectures）為中心的那些。因此，雖然前面的陳述在本文寫作之時是真實的，但你讀到這篇文章時，事情可能已經發生了一些變化。因此，如果你正在考慮使用耐久性函式（durable functions）來實作流程自動化，可能值得再次查看這些限制。

# 流程建模語言

到目前為止，你已經接觸到作為流程建模語言（process modeling language）「首選」的 BPMN。但是，還有其他各種選擇，我經常參與要選哪個好的激烈討論。很多時候，這些對話不是以事實的表達為基礎，而是基於意見和個人偏好。有一次，我和一家位於矽谷的大公司進行了討論，架構師告訴我，他們不能用 BPMN 工作，因為它是以 XML 的形式序列化（serialized）的。「XML 是過去遺留的老舊產物，你知道的」。電力也是如此，但我們仍然在使用！

在沒有論據支持的情況下，依據直覺做出判斷，根本就不是一種好辦法。取而代之，要試著理解你想解決的問題是什麼，以及你在不同的解決方案中遇到的取捨是什麼。就寫成 XML 的流程模型而言，常見的批評是關於 diff（差異）和 merge（合併）的問題。如果有同事和我同時改變了流程模型怎麼辦？雖然用 XML 檔案這樣做似乎很複雜，但實際上這不是什麼大問題。很少會有兩個人同時更改模型中相同的元素；更多的時候，即使是在同一個 XML 檔中，變更之間也是相距甚遠。所以，把 XML 當作一個文字檔進行差異化或合併通常是很容易的，特別是如果你有遵守一些基本規則的話。最重要的是，你不應該去碰你不想更動的元素，或者在沒有充分理由的情況下就重做佈局。這與你應該如何對待原始碼的方式是一樣的：不要在沒有好理由的情況下就重新格式化整個檔案，因為那會使真正的差異更加難以發現。

整體而言，反對 XML 的兩個論點，即它是老舊的和它很難合併，都經不起適當的檢驗。

但是，讓我們退一步，檢視看看選擇流程建模語言時，真正重要的面向。在接下來的章節中，我們將考慮這些問題：

- 該語言支援什麼行為？這定義了整體的成熟度，將決定你是否會遭遇無法用所選語言建模的情況。

- 圖形表示（graphical representation）能帶來什麼價值？你應該使用圖形化的建模語言，還是基於文字的語言就足夠了？

## 工作流程模式

為了判斷一個流程建模語言是否提供了你所需的功能，你可以參考 Workflow Patterns 計畫所定義的模式。根據其網站（*http://workflowpatterns.com*），該計畫所做的研究（已經有 20 多年的歷史）：

> 對需要由工作流程語言（workflow language）或業務流程建模語言（business process modelling language）支援的各種觀點（流程控制、資料、資源和例外處理）進行了徹底的審視。其結果可用於考察特定的流程語言或工作流程系統對特定專案的適用性。

工作流程模式（workflow patterns）單純定義了模式，而不是任何種類的實作。BPMN 實作了這些模式中的絕大部分。其他語言，例如在 AWS Step Functions 中使用的 Amazon States Language，只實作了其中的一些。這可以幫助你判斷你所選的流程建模語言之能力。

如果你是一個模式派的人，你甚至會發現讀過線上所有的模式說明是很有用的。這肯定會幫助你了解為什麼你需要一個正確設計的流程建模語言，以及為什麼你不應該編寫自己的工作流程引擎。

你可能會想知道這種工作流程模式是什麼樣子的。表 5-1 顯示了一些基本的流程控制模式以及它們在 BPMN 中的表達方式。

表 5-1 來自 *http://www.workflowpatterns.com/patterns/* 的一些工作流程模式對映到 BPMN

| 模式編號 | 模式名稱 | BPMN 元素 | 說明 |
|---|---|---|---|
| 1 | 序列（Sequence） | A → B | 流程中的一個任務在同一流程中的前一個任務完成後被啟用。 |
| 2 | 平行拆分（Parallel Split） | ⬦＋ | 一個分支分化為兩個或更多的平行分支，每個分支都共時（concurrently）執行。 |
| 3 | 同步化（Synchronization） | ⬦＋ | 兩個或多個分支匯聚成單一個後續分支，當所有輸入分支都被啟用後，控制權會被傳遞給後續分支。 |
| 4 | 互斥選擇（Exclusive Choice） | ⬦✕ | 將一個分支分流成兩個或多個分支，這樣當輸入分支被啟用時，控制權依據可以選出一個輸出分支的機制，立即被傳遞到被選中的那個輸出分支。 |
| 5 | 簡單合併（Simple Merge） | ⬦✕ | 將兩個或多個分支匯聚到一個後續分支中，這樣一來，每次啟用一個輸入分支都會導致控制權被傳遞到後續分支中。 |
| ... | | | |
| 14 | 事先具有執行時期知識的多個實體（Multiple Instances with a Priori Run-Time Knowledge） | Do something "for each" ‖‖‖ | 在一個給定的流程實體中，可以創建出一個任務的多個實體。所需的實體數量可能取決於一些執行時期的要素，包括狀態資料、資源可用性和流程間通訊，但在必須創建任務實體之前就已經知道。一旦發動，這些實體就是彼此獨立的，並共時執行。在可以觸發任何後續任務之前，有必要在完成時同步化這些實體。 |
| ... | | | |

自訂的流程建模語言通常帶有會比 BPMN 更簡單的承諾。但實際上，聲稱簡單意味著它們缺乏重要的模式。因此，如果你長期關注這些建模語言的發展，你會發現他們不時會增加一些模式，而每當這樣的工具獲得成功時，它幾乎不可避免地具有與 BPMN 相當的語言複雜性，但卻是專屬（proprietary）的。

這就是為什麼我一直無法理解，當有像 BPMN 這樣成熟且可用的標準存在時，為何還要去使用自訂的建模語言。

## 流程的圖形視覺化之好處

圖形式流程視覺化（graphical process visualizations）的好處很突出。當然，這全都是關於模型的可見性（visibility）和可理解性（comprehensibility），以及如何輕鬆地與不同的利害關係者進行討論。

關於業務利害關係者，在實作前和實作中討論需求時，圖形化模型是一個很好的工具。這可以彌補許多開發者持續的挫折感，即需求「明顯不完整」和「顯然永遠行不通」。圖形化模型有助於更早發現潛在的問題，甚至可能是由業務利害關係者自行發覺。

圖形化模型也可以被操作人員所利用，例如在一個流程實體中標示問題。它們能讓不是開發者的人對正在發生的事情有一個粗略的概念，這是程式碼不可能達到的。

值得注意的是，圖形化模型甚至能使開發者與其他開發者保持一致。閉上你的眼睛（一種比喻），想想你的同事上一次向你解釋一些流程、演算法或其他複雜軟體時，他們是否真的給你看了滿牆的程式碼？他們是否帶你讀過一份包含散文的長篇說明文件？或者反過來說，他們是否在白板上畫了一張圖來解釋核心概念？我打賭是後者。

 關於圖形化模型，甚至還有來自知覺心理學（psychology of perception）領域的論點。俗話說「一圖勝千言（A picture is worth a thousand words）」，很好地抓住了其精隨。更電腦技客（geek）的說法是，對於視覺模式的辨識，你可以使用大腦的 GPU，但對於閱讀，你就必須使用 CPU。擁有圖形化的模型有助於減少 CPU 的使用率，並為思考你模型的內容留出空間。當然，這只適用於你學會了圖形化建模語言並準備好在你的大腦中使用之後，但像 BPMN 這樣的語言，其核心元素是盒子與箭頭，因此它們可以被大多數的人直觀地理解。所以，圖形化模型釋放了你大腦中的一些 CPU 使用率，以實際開發更好的模型。這不是很棒嗎？

讓我補充一個簡短的個人故事來強化與真正的實作同步的圖形化模型之價值。還記得在序言中，我講述了我朋友如何開始自己的生意，創立一家顯卡專賣店的故事嗎？那也是我第一次學到所謂的流程建模。我那時開始用 Microsoft Visio 繪製流程，與我朋友及他的幾名員工討論這些流程。雖然 Visio 離提供良好的建模體驗還差得遠，而且所畫出圖也只是純粹說明文件，但我還是從這個練習中受益匪淺。

由於當時我對流程模型產生了興趣，我開始尋找能夠直接執行這些模型的工作流程引擎。我終於找到了一個有辦法那麼做的開源專案，流程模型終於活了過來。

20 年後，我驚訝地發現，我朋友公司的軟體仍在生產中。而且令人驚訝的是，可執行的流程模型的圖形表示仍然在使用，即使是在公司不斷發展（因為顯卡改裝不再流行）和新員工入職的時候。這些模型幫助人們理解公司的業務流程，以及軟體的行為。

我是作為可執行的人造物（executable artifacts）的圖形化模型的超級粉絲。我建立的 Visio 圖現在已經完全過時了，但可執行的模型是原始碼，仍然準確地顯示出實際被執行的是什麼。

有兩種方式可以達到流程的圖形視覺化。明顯的做法是建立包括圖形資訊的流程模型，就像用 BPMN 所做的那樣。請記住，私有的專屬符號限制了與其他角色協作的視覺化價值，所以 BPMN 真的是不錯的選擇。

另一種方做法是從甚至可能是文字形式的一個流程模型自動生成圖形，這會在下一節中討論。遺憾的是，自動生成的做法所產生的視覺化圖形通常很難理解。

## 文字流程建模的做法

相較於用 BPMN 建立的圖形化流程模型，也是有文字模型（textual models）存在。如何建立這樣的模型呢？最常見的做法是使用一些 JSON 或 YAML 來定義流程模型，如下面取自 Netflix Conductor 的例子所示：

```
{
  "name": "sample-workflow",
  "version": 1,
  "tasks": [
    {
      "name": "task_1",
      "type": "SIMPLE"
    },
```

```json
    {
      "name": "someDecision",
      "type": "DECISION",
      "decisionCases": {
        "0": [
          {
            "name": "task_2",
            "type": "SIMPLE"
          }
        ],
        "1": [
          {
            "name": "fork_join",
            "type": "FORK_JOIN",
            "forkTasks": [
              [
                {
                  "name": "task_3",
                  "type": "SIMPLE"
                }
              ],
              [
                {
                  "name": "task_4",
                  "type": "SIMPLE"
                }
              ]
            ]
          }
        ]
      }
    },
    {
      "name": "task_5",
      "type": "SIMPLE"
    }
  ]
}
```

那個 JSON 檔案中的任務定義序列也定義了流程中的任務順序。允許不同的序列需要你定義明確的變遷,通常是透過參考元素的 ID。這實際上與支援 BPMN 模型的 XML 序列化格式沒有太大不同。

典型情況下，文字建模的問題是缺乏建模工具。在像剛才所展示的 JSON 檔案中表達複雜的工作流程確實很困難，特別是在你添加了迴圈（loops）或平行路徑（parallel paths）的時候。

另一個選擇是透過程式碼來表達流程模型，如下面使用 Spring State Machines 的例子所演示的：

```
public void configure() {
    states.withStates()
        .initial(States.START)
        .state(States.RETRIEVE_PAYMENT, new RetrievePaymentAction())
        .state(States.WAIT_FOR_PAYMENT_RETRY)
        .end(States.DONE);

    transitions.withExternal()
        .source(States.START)
        .target(States.RETRIEVE_PAYMENT)
        .event(Events.STARTED)
        .and()
        .withExternal()
        .source(States.RETRIEVE_PAYMENT)
        .target(States.DONE)
        .event(Events.PAYMENT_RECEIVED)
        .and()
        .withExternal()
        .source(States.RETRIEVE_PAYMENT)
        .target(States.WAIT_FOR_PAYMENT_RETRY)
        .event(Events.PAYMENT_UNAVAILABLE)
        .and()
        .withExternal()
        .source(States.WAIT_FOR_PAYMENT_RETRY)
        .target(States.RETRIEVE_PAYMENT)
        .timer(5000l);
}
```

這可以直接在你的 IDE 編寫，而你的編譯器可以做一些檢查。儘管如此，要表達不按直線順序執行的流程並不容易。想像一下圖 5-4 中的流程，在這個流程中，發票的發送與信用卡的收費是平行的。這很難用可理解的文字來表達。

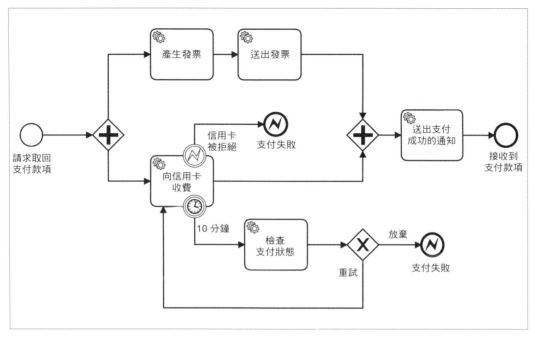

圖 5-4　一個難以用文字的 DSL（domain-specific language）表達的流程模型

簡而言之，除了簡單的模型，所有的模型都很難用文字形式表達。但是，包括 Camunda 在內的一些工具允許你從以程式碼表達的模型生成一個 BPMN XML 檔。這讓你之後可以切換到圖形化建模，例如在流程變得更加複雜的情況下。

在做演講時，我經常利用這一功能，從 Java 程式碼開始，定義一個簡單的流程模型。如此一來，聽眾可以清楚看到，建模工具背後並沒有隱藏的魔法。我也可以用 BPMN 的 XML 檔來做到這點，但　開始程式碼通常比 XML 檔案更容易消化。在後臺，工作流程引擎會生成一個 BPMN 流程模型，包括圖形，並自動佈局。

## 關於圖形建模的典型考量

那麼，為什麼不是全世界都乾脆全面採用圖形化流程建模，並使圖形化模型成為一等公民呢？好問題！根據我的經驗，有些開發者並不是太喜歡圖形化建模語言。以下總結了一些常見的擔憂：

### 它們含有隱藏的魔法

在進行了大量的會議演講和現場演示後，我了解到，如果開發人員認為他們錯過了解決方案的重要部分，他們就會感到不舒服。而且，由於圖形化建模工具經常在特性面板（property panels）或精靈（wizards）中隱藏某些邏輯和組態，不了解這些工具的使用者就會有他們錯過了一些關鍵要素的感覺。即使沒有使用秘密的魔法（這其中也沒有什麼魔法），他們對這些工具永遠沒有充分的信心。

相比之下，原始碼並不隱藏東西（好吧，方法呼叫或框架後面可能有，但我確實理解這種說法）。一個簡單的解決方案是在圖形視圖（graphical view）和 XML 的序列化檔案之間進行切換。在該檔中，沒有什麼是隱藏的。另一個方便的策略是，一開始就編寫流程模型的程式碼，就像前面描述的那樣，一旦變得更加複雜，就切換到圖形化建模的做法。

### 它們劣化了開發人員的體驗或開發速度

開發人員非常了解如何處理文字檔。他們是使用他們所選的版本控制系統（version control systems）的專家，能在複雜的情況下對原始碼進行差異化（diffing）與合併（merging）。像 GitHub 這樣的平台支援開箱即用的典型用例，而 IDE 則提供程式碼補全（code completion）和精密的範本（templates）以提高開發者的生產力，所以它們是工作的好地方。

然後，人們的想法是，出現了一些奇怪的東西（圖形化模型），無法融入他們的工具環境。這部分是正確的，因為在編輯模型時，你可能會失去 IDE 的一些功能，例如已知類別和方法的程式碼補全。但這也有部分是錯的，正如我們前面所看到的：你可以輕易對圖形化模式的序列化格式（XML 檔）進行差異化和合併，後者單純儲存在你的版本控制系統中。有些工具甚至允許你在 BPMN 的基礎上進行圖形的差異化。

但更重要的是，這種擔憂大多是無關緊要的。第 3 章的「結合流程模型與程式碼」表明，你可以在流程模型或程式碼中表達邏輯，並輕易地將它們結合起來，所以流程模型「只」表達了任務的順序，而所有其他邏輯仍然包含在正常的程式碼中。

### 它們威脅到開發人員的自我形象

我遇到了另一個拒絕流程模型的原因，我花了一段時間才明白。有些開發者實際上並不接受正常人能夠理解他們所做之事的這一事實。他們是藝術家，而當然，一個能夠運作的程式背後必定有一些神秘之處。這也保障了他們的工作，或者他們是這麼認為的。但在你的專案中抱持這種心態顯然會導致未來的大問題，你肯定要解決它。

在過去的幾十年裡，軟體工程發生了很大的變化，開發人員經常把絕大部分時間投入到討論需求和勾勒正確的解決方案上，只是為了明天再次改變它。敏捷方法和協作無處不在，而圖形化的流程模型是其中重要的一環。

另一個考量點是，一旦你有了可理解的圖形化模型，業務利害關係者就會一直干擾開發，會想加入所有以解決方案設計為中心的對話。我就見過這種情況。但是，這裡的解決之道不是要避免圖形化模型，而是要學會正確應用它們。這主要是指尊重專案中的不同角色。一個可執行的流程模型也是原始碼。它是解決方案設計的一部分，因此由建置解決方案的人（即開發團隊）負責。他們需要對設計的選擇有最後的決定權，若有很好的技術理由來變更一個模型，他們需要被授權來這樣做。當然，他們也需要能夠向其他利害關係者解釋他們的理由。同樣地，流程模型也需要包含在軟體開發者的工具鏈和 CI/CD 管線中。

 可執行的流程模型也是原始碼（source code），必須由軟體開發團隊擁有和管理。

# 圖形做法 vs. 文字做法

總之，對於所有的利害關係者（包括開發人員自己）來說，視覺化有利於理解流程邏輯。在討論流程和操作流程上，它們有助於讓每個人都參與其中。

創建視覺化模型的最簡單方法是使用圖形化建模語言。這也將有助於確保即使是複雜的流程也能被理解。

請記住，在流程模型中只有任務順序本身是以圖形方式表達的，然後這會被連接到其他邏輯的程式碼。這使得兩個世界的最好之處你都能得到。

# 使用區塊鏈的流程自動化？

我想在這本書中加入關於區塊鏈（blockchain）的一節，因為有很多困惑圍繞著這個主題。區塊鏈經常被描述為將從根本上改變業務流程的一種技術。讓我們快速檢視一下這對流程自動化代表什麼意義。劇透警告：對於公司內部的流程自動化，這不會有什麼改變。它「只」會影響到多方的合作。

但是，讓我們一步一步地來。我們從一個例子開始講解。幾年前，我必須要買一輛車。於是我去了我所選的網際網路入口網站，找到了一輛車，並透過電子郵件購買了它。該平台只是一個中介者（broker）；購買流程是由經銷商直接處理的。

在這種情境下，有兩方互不信任：我不信任汽車經銷商（一種高尚的職業，但出於一些奇怪的原因，我總是認為汽車經銷商想騙我錢），汽車經銷商同樣不信任我，基本上是因為他們不認識我。同時，一輛車也足夠昂貴，讓雙方都會在意信任問題。

這是一個僵持的局面：我不想在拿到車子的文件之前轉帳，而經銷商也不想在收到錢之前送出文件。而且你可以肯定的是，我不想陷入涉及將錢裝入行李箱的任何解決方案。

在沒有相互信任的情況下做生意的合作夥伴是區塊鏈用例的最佳情境。在這些情況下，解決缺乏信任問題的經典做法是引入一個受信任的中間人，例如銀行、公證人或某種專門的服務。區塊鏈技術可以使這種中間人變得不必要。

區塊鏈能在沒有中間者的情況下建立信任，方法是提供一個資料庫，其中所有資料都分散在加入的每個人那邊，並加上了一些巧妙的密碼學技術，使資料一旦進入其中就不可能改變或偽造。這產生了一個每個人都可以信任的資料庫，因為沒有任何一方在控制。

在區塊鏈中實作所謂的「智慧合約（smart contracts）」是可能的。智慧合約是區塊鏈中自動化且長時間執行的程式。他們的資料以及當前的狀態都是安全有保證的。在某種程度上，智慧合約可以被看作是在區塊鏈中具有續存性（persistence）的一種工作流程引擎。有個特點是，流程模型和所有的實體都是公開可見的。

智慧合約能讓我們自動化買車流程中的公開部分，但只有雙方需要商定的那部分。流程中針對一方的所有面向仍將由人工處理（就買車客戶而言）或自動處理，或許是使用本書所描述的流程自動化（對大型汽車經銷商而言）。這可以透過圖 5-5 中的協作模型直觀地看到。

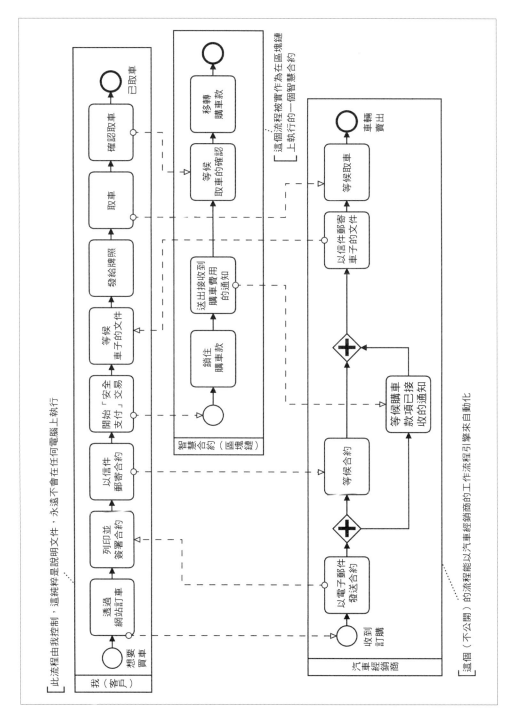

圖 5-5　區塊鏈中的智慧合約可以被看作是合作夥伴之間流程公開部分的工作引擎

協作模型（collaboration models）將在第 10 章的「一個聯合模型之威力」中介紹。簡而言之，它們允許我們對不同參與者的流程進行建模，並表達他們如何協作；在這個例子中，買方（我）、汽車經銷商和智慧合約都有自己的流程。

因為你可以擺脫中介者，減少文書工作，並透過智慧合約增加信任，我相信區塊鏈有可能徹底改變許多商業流程。但很難預測更大的轉變何時會發生，因為沿途有很多障礙，最大的障礙就是這需要徹底改變商業運作方式，而沒有任何一方可以單獨推動這種計畫。

另外，注意到即使區塊鏈遍佈全球，你仍然會使用工作流程引擎來自動化每一方的非公開流程。

# 結論

本章介紹了實現流程自動化除了工作流程引擎以外的替代選擇。你應該對它們的缺點和工作流程引擎帶給你的價值有了更多的了解。

這裡還介紹了其他一些流程建模語言，展示了圖形化語言的優勢，並強調了 BPMN 的重要性。

# 第二部

# 企業中的流程自動化

流程自動化只是整個企業架構拼圖中的一塊，它需要支援一種複雜的平衡行為。如果你的組織是成功的，它就需要擴充規模。為了更快開發出更多功能，它會希望增加開發團隊。為了做到這一點，你需要將你的應用程式切割成更小的部分，並為這些部分指派團隊。這就是目前使用微服務（microservices）來做的事情，這是在撰寫本文之時最突出的做法。

但客戶完全不關心這些，他們只想讓自己的願望得到滿足（例如，一筆儘快出貨的訂單）。客戶只在意端到端的業務流程。

你的工作是讓你們身為一家公司生存所需的模組化（modularization）變得可能，但同時也要確保整個端到端的業務流程能夠順利執行並被理解。這包括在正確模組的邊界之內裝配流程，並使這些模組盡可能地解耦合（decoupled）。

聽起來很容易？是啊，可以算是吧。本書的這一部分為你提供了一些重要的指導方針，讓你能在這項任務中存活下來。

### 第 6 章

本章討論了典型的架構和取捨，這將有助於你勾勒出自己的架構。

### 第 7 章

本章討論了模組化、凝聚力（cohesion）和耦合（coupling）。目的是讓你掌握基礎知識，了解如何定義你們服務的邊界，以及這會如何影響流程自動化。

## 第 8 章

本章（重新）將協調（orchestration）和編排（choreography）定義為命令驅動（command-driven）和事件驅動（event-driven）的通訊。這使我們能夠討論命令和事件之間的良好平衡。

## 第 9 章

由於典型的架構偏好分散式系統，你將需要解決以遠端通訊為中心的某些挑戰。本章描述了工作流程引擎如何透過實現長時間執行能力來幫忙處理這些問題。

## 第 10 章

本章討論了圖形化流程模型在企業 IT 專案中的協作（collaboration）價值。你將了解到可能對這些模型感興趣的不同利害關係者（stakeholders），以及你如何讓他們都參與進來。

## 第 11 章

前一章的學習是研究如何實現流程可見性（process visibility）的良好基礎，也就是我們在這部分的最後一章中所探討的。

# 第 6 章

# 解決方案的架構

到目前為止，你應該對如何設計和執行流程模型，以及工作流程引擎能解決什麼問題有了更好的理解。現在該是時候考慮它在你架構中的位置了。

本章：

- 對何時使用工作流程引擎提供一些指引
- 涵蓋定義你的架構時要問的最重要的問題
- 幫助你開始你自己的評估工作

## 何時使用工作流程引擎

現在是一個很好的時機來討論我在第 2 章中跳過的一個問題：什麼時候使用工作流程引擎才合理？

我的思考方式視覺化呈現於圖 6-1。

工作流程引擎的兩個主要優點是：它為你的應用程式或服務添加了長時間執行的能力，並使你流程的邏輯變得可見。取決於你想用工作流程引擎做什麼，這些能力對你有不同的價值。

舉例來說，如果你想協調一個端到端的業務流程（也許是作為你微服務的一部分），你肯定會從長時間執行的能力和可見性中獲益良多。如果你需要在分散式系統中實作業務交易（business transactions），正如第 9 章「交易和一致性」所描述的那樣，這些也將是有價值的，儘管可能少一點。當你只是利用長時間執行的能力來解決非常技術性的挑戰時，正如第 9 章所描述的那樣，可見性的價值是有限的，但這種用例仍然有很大的意義。

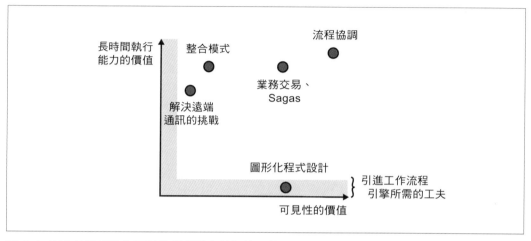

圖 6-1　工作流程引擎為不同的用例帶來的價值可能有所不同，但只要報酬超過了投資，通常就值得引進它

只要價值（報酬）超過了一開始引進工作流程引擎的所需付出的努力（投資），工作流程引擎就會對你的架構產生正面影響。確切的門檻在很大程度上取決於引進所選工具的難易程度。我預期在未來幾年內，隨著工具變得越來越輕量化或作為託管服務（managed services）提供，這一阻礙將進一步下降。這會增加工作流程引擎對更多問題的適用性。

當然，還是有一些用例是沒有什麼意義的。一個例子是用 BPMN 做圖形化程式設計（graphical programming），這意味著你單純以圖形化模型表達程式碼，而不需要進行狀態處理或與其他角色協作。

投資報酬率取決於報酬以及投資這兩個方面。如果投資低，你可以將工作流程引擎應用於更大範圍的問題。

# 架構上的取捨

決定一個解決方案的架構涉及到一些取捨（trade-offs），因為對於哪個架構最好的問題，答案總是「視情況而定（it depends）」。這取決於你的目標、你的架構和堆疊，以及選擇的工具。而且，沒有正確或錯誤的架構，只是有些架構可能比其他架構更適合你的情況。

本節將讓你對於哪些問題需要澄清以及你的決定可能產生的影響有基本的了解。

## 執行工作流程引擎

第一個也是最重要的問題是：你如何執行工作流程引擎本身？它是一個託管服務（managed service）嗎？它是可以與你的微服務並排執行的一個 Docker 容器嗎？或者工作流程引擎是一個可嵌入的程式庫，會成為你應用程式的一部分？

你應該考慮的其他一些問題是：

- 它在你的環境中是否容易供給（provision）？

- 它需要什麼資源來執行，例如資料庫或應用伺服器？

確保你選擇的引擎適合你的情況。如果你正在建立一個無伺服器的應用程式，你當然會尋找一個託管服務。如果你正在建構一個雲端原生應用程式（cloud native application），Kubernetes 的支援可能至關緊要的。如果你主要執行人類任務工作流程，也許獨立的工作流程伺服器（workflow server）是最簡單的選擇。如果你正在構建一個單體（monolith）系統，嵌入式程式庫可能會很有效。

你還需要了解工具的靈活程度。有些雲端服務只在某些雲端供應商那裡可用，而你不知道它們在幕後是如何工作的。其他一些工具有不同的發行（distribution）選項，例如自組裝的開放原始碼（self-assembly open source）、獨立發行（standalone distribution），或是作為 Docker 映像（image），同時也可作為雲端中的託管服務。一定程度的彈性可能是一種優勢，特別是當你的要求隨時間變化時。

在這整個決策流程中，你還必須考慮到你的團隊的經驗。如果團隊從來沒有接觸過 Kubernetes 或 Docker，不要為了運用流程自動化而強行引入這些。

# 分散式的引擎

總是會出現的最重要的討論之一是關於應該運行多少個工作流程引擎。公司是否將工作流程引擎作為一個集中的平台來執行？或是每個需要工作流程引擎的團隊都以分散的方式執行自己的引擎？你猜怎麼著：視情況而定。

如果你們採用微服務，你會希望賦予團隊很多自主權。一個團隊應該能夠獨立於其他團隊行事，並根據需要進行修改。同時，每個團隊應該被隔離，以確保另一個發瘋的微服務不會影響其正常運作的能力。在這種設置下，預設的做法是擁有分散式的引擎，需要工作流程引擎的每個微服務都有一個。這確保了每個團隊都能保持獨立，例如在他們想更新或重新配置工作流程引擎時。每個團隊甚至可以自己決定要使用哪個工具。這種設置也強制施加了刻意設計的邊界，因為除了目前的微服務之外，沒有人能取用該工作流程引擎。

明顯的優勢是自主性和隔離性，但代價是每個團隊必須評估和操作自己的引擎。這方面的複雜性在很大程度上取決於技術堆疊（technical stack）。例如，如果你們已經在使用雲端計算，那麼使用託管服務是很容易的，如果你們已經完全致力於使用容器（containers），那麼 Kubernetes operator 可以使工作流程引擎更容易運轉。

剩下的一個挑戰是如何獲得對分散式引擎的中央可見性（central visibility）。第 11 章將深入探討這個非常有趣的話題。一個分散式引擎的部署在視覺化在圖 6-2 中。

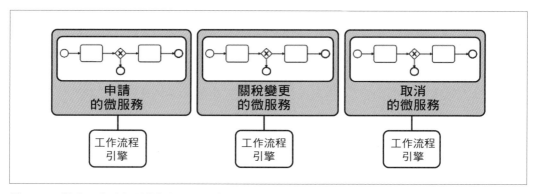

圖 6-2 分散式工作流程引擎提供了隔離性

# 共用引擎

如果你想簡化操作，你可以為整個公司執行一個中央引擎作為服務，或者每個部門至少有一個引擎，如圖 6-3 所示。

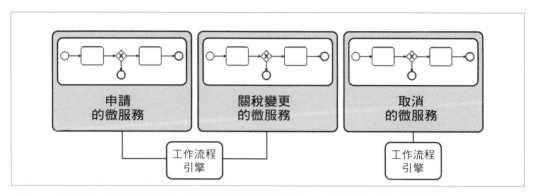

圖 6-3 微服務也可能共用引擎；它們仍然擁有流程模型，你仍然可能操作多個引擎

工作流程引擎是一種遠端資源，應用程式可以連接到它，以便部署和執行流程。雖然這通常很容易設置，但它的缺點是你失去了服務的隔離性，不僅是以執行時期的資料而言，還包括產品的版本。一個中央工作流程工具也需要有規模可擴充性和彈性，以避免遇到瓶頸或單點故障。

# 流程模型的所有權

這裡有一個非常重要的想法要記住：所有權（ownership）和物理部署位置（physical deployment location）之間是有區別的。你可以把不同團隊的流程模型都部署到一個中央引擎。如果這些模型仍然由各個團隊擁有和管理，這就不是一個太大的問題。如果這意味著所有的模型都得由一個中央團隊來管理，那就問題大了。這就相當於一個集中營運的內部雲端平台，其中每個團隊仍然擁有、配置和供給自己的資源。

實際上，如果部署被適當地整合到你的 CI/CD 管線（pipeline）中，團隊甚至可能不會注意到他們的流程被實際部署在哪裡。這堪比關聯式資料庫。許多公司仍然在不同的應用程式之間共用安裝好的一個資料庫，其中每個應用程式都有自己的資料綱目（schema），並負責資料表的結構。這樣做的效果相對不錯，但還是有可能某個應用程式發瘋，使得大家的效能都下降。

# 把工作流程引擎用作一種通訊頻道

在微服務環境中，一個非常不同的選擇是讓不同的微服務直接 pub/sub（發佈 / 訂閱）一個中央工作流程引擎，如圖 6-4 所示。根據我的經驗，這種設計使人們的意見兩極化。我稍後會討論其中的原因，但讓我們先了解一下這個選項。

如圖所示，你不需要膠接程式碼來從訂單履行服務中呼叫支付服務。事實上，在訂單履行服務和支付服務之間甚至沒有任何額外的通訊管道，如訊息傳遞或 REST 呼叫。

取而代之，支付服務直接訂閱了型別名稱為 retrieve-payment 的服務任務，而出貨服務則訂閱了型別名稱為 ship-goods 的任務。由於任務型別名稱是連線資訊，pub/sub 機制仍然解耦了兩個服務。支付不需要知道任何關於訂單履行的資訊；它只需要知道它會執行所有的 retrieve-payment 任務。

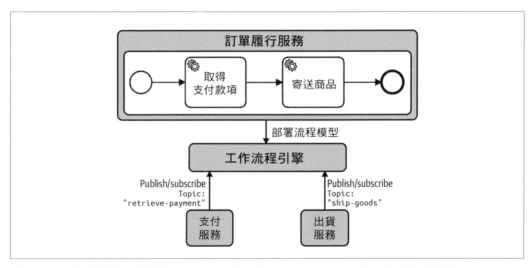

圖 6-4 不同的微服務可以發佈（publish）和訂閱（subscribe）一個中央工作流程引擎

現在，工作流程引擎變成了一個共用系統，就像其他架構中的訊息傳遞系統（messaging system）一樣。有一些務實的公司喜歡這種做法的簡單性，因為他們不需要引入額外的訊息傳遞系統，但仍然可以從 pub/sub 的時間解耦合（temporal decoupling）中獲益。也有一些公司不希望看到工作流程引擎處於這樣一個中心位置。如果這些公司想運用 pub/sub 的力量，他們會運行一個額外的訊息或事件匯流排。

第 7 章對這個問題的相關推理進行了更深入的探討。現在，你只需要記住，這兩種可能性都是有效的，但各自也有取捨之處。

## 企業內部的工作流程平台

目前的業界趨勢是，公司將盡可能多的自由留給開發團隊，因此他們可以，比如說，選擇他們喜歡的工具。同時，大多數公司希望為流程的自動化提供中央指導，以節省精力和分享知識。你會在後面的第 12 章中了解到更多；這可能涉及到提供一個精心挑選的供應商名單，以便所使用的工具數量保持在可管理的程度，或在公司的 wiki 上分享最佳實務做法或成功案例，甚至建立一個卓越中心，可以支援團隊解決與流程自動化有關的問題。

然而，有些公司更進一步，開始在特定供應商的工作流程程引擎之上預建自己的軟體元件和平台。在最簡單的情況下，這可能涉及創建一個門面（facade），以減少對供應商的依賴性。在這種情況下，開發人員針對一個自訂的門面進行程式設計，而工作流程引擎的 API 只會在幕後連接起來。在另一個極端，公司可能會用來自不同供應商的幾個元件組裝整個 SOA 或整合堆疊。這裡的動機是為了避免被供應商的鎖住，並提供一些預先開發的額外功能。

我見過的所有這樣的計畫都很艱辛。建立一個自訂的平台是一回事，但要讓這個平台與新發行版保持同步、修復內部報告的所有臭蟲，或者透過自訂的門面提供工作流程引擎的所有功能，則是另一回事。而且，該平台的使用者仍然會遇到死胡同，因為它的能力通常比不上底層的工作流程引擎。此外，你還不能像對知名商業產品或開源專案那樣，透過 Google 來研究你們自訂平台的問題。

整體而言，這真的不值得一試，尤其不要為了避免依賴供應商而這樣做。第 12 章的「關於再利用的要與不要」將研究一種更有意義的方式來達成重用性（reusability）。我強烈建議你跳過建立一個自訂平台的大工程。即使是非常聰明的團隊努力嘗試，我也看過失敗案例。除非你們就是流程自動化公司，否則不要去建立一個流程自動化平台。

## 效能與規模可擴充性

在考察工作流程引擎時，要考慮的一個重要角度是效能（performance）和規模可擴充性（scalability）。工作流程引擎是否滿足你的需求？為了判斷這一點，請看一下你工作負載的特徵，並弄清楚以下問題：

- 你需要什麼樣的吞吐量（throughput）？例如，每秒鐘或每天有多少個流程實體被啟動？

- 單個任務或整個流程的週期時間是可以接受的？舉例來說，具有 10 個任務的一個完全自動化流程花費多少毫秒是可被允許的？如果你需要提供同步的門面，這可能也會影響延遲。

- 你負載的變動程度如何？有些公司每月 90% 的流程實體都是在每月的同一個小時內啟動的。因此，雖然你當然應該看看你的平均負載，但你也需要了解你必須預期的峰值是什麼。處理這些峰值的能力是更關鍵的需求。

因此，為了確定你工作負載的特徵，很重要的是要看有多少流程實體被啟動、有多少服務任務需要被執行、有多少事件需要被繞送到工作流程引擎，諸如此類。檢查這些「動作」通常比查看在某處等待的流程實體之總數更重要。等待往往可以歸結為資料庫中的記錄，而那很少會觸及其限制。

建議用目標架構中具有代表性的工作負載做一個負載測試（load test）。這樣的負載測試通常很容易設置，特別是在你能利用現代雲端環境的時候。這將幫助你對於工作流程引擎是否能滿足你們的需求有些感覺。特別重要的是，不要等待生產環境準備就緒，這是我經常看到客戶做的事情。儘早弄出足夠接近的東西，那通常就綽綽有餘了。

許多開發者仍然認為工作流程自動化工具主要是為人類任務等低吞吐量情境設計的。當然，人類不會在幾毫秒內處理任務。但有些流程自動化工具也可以應用於高效能的用例，例如必須在超短時間內大規模處理支付或交易的金融行業。

我也見過真正受益於流程自動化的大數據用例，特別是可見性和故障處理部分，最初團隊從未想過工作流程引擎每秒能處理數十萬個事件。

## 開發人員體驗與持續交付

為了判斷一個特定的工具是否適合你的開發方式，你需要看一下流程解決方案將如何實作。流程解決方案不僅包括流程模型，還包括轉換資料或調用服務所需的所有膠接程式碼（glue code），如第 3 章的「結合流程模型與程式碼」中所述。此外，工作流程引擎的 API 和客戶端庫的可用性將決定你的開發人員是否能在他們喜歡的環境和程式語言中工作，並使用他們最有生產力的框架。

這將直接影響：

### 你如何開發使用者介面

某些工具允許你使用你喜歡的 UI 技術。其他的則希望你使用供應商挑選或發明的東西，這可能會提供便利的功能。

### 你如何部署流程定義

部署可以很輕易與你的 CI/CD 管線掛接嗎？雖然這聽起來很明顯，但有些工具需要手動部署流程模型，這當然不是你想要的。

### 你如何測試流程

有些工具能讓你進行本地端的單元測試，正如你在第 3 章的「流程的測試」中看到的那樣。其他工具強制使用不同的方式測試流程模型，有些工具根本不能進行自動測試。

### 你如何儲存流程模型並做版本控制

有些工具允許你將流程模型作為檔案儲存在一般的 Git 儲存庫（repository）中；其他工具則強迫你為模型建立一個單獨的儲存庫，然後還需要與版本控制系統中程式碼的標記（tags）進行同步。

流程自動化工具的選擇將對開發人員的體驗產生重大影響。密切關注這些因素是超級重要的，因為它們不僅會影響實作一個流程所需的工作量，而且會破壞你的整個軟體開發方法，減弱你們開發人員的動力。

# 評估工作流程引擎

既然你已經意識到了這些取捨，讓我們把注意力轉向工作流程引擎的選擇。遺憾的是，我無法在這裡給你一個簡短的工具名單，有三個基本原因：這不會是公平的，因為我可能會錯過一些工具；這將在我寫的時候變得過時；而且這可能太長而失去作用。在本書的網站上（*https://ProcessAutomationBook.com*），你會發現一個精心彙集的工具清單，可以作為一個起點使用。

不幸的是，工作流程引擎類別的界限是模糊的。有非常不同類型的工具可用。一些真正的工作流程引擎被稱為「協調器（orchestrators）」，而其他工具被稱為工作流程引擎，但實際上做的是其他事情。讓我們首先探討一下這些不同的類型。

最重要的是符合本書所用定義的工具，這意味著它們可以處理續存狀態（persistent state），從而實現長時間執行（long-running）的流程。我把它們歸為以下幾類：

- 對開發者友善的工作流程引擎或工作流程自動化平台（workflow automation platforms，例如 Camunda），本書對其進行了詳細的討論。

- 託管型協調或工作流程引擎（例如 AWS Step Functions 或 Camunda Cloud）。

- 自製並開源提供使用的協調和工作流程引擎（例如 Netflix Conductor）。這些開源專案的類型接近輕量化工作流程引擎，但它們通常充滿各自的主張，沒有任何保證可言。

- BPM 套件（例如 Pega），如第 1 章「被誤導的 BPM 套件」中所討論的。

- RPA 工具（例如 UiPath），如第 4 章「協調 RPA 機器人」中所介紹的。

- 低程式碼平台（例如 Zapier），其目標是希望在類似辦公室的工作流程中實現任務自動化的終端使用者，不需要任何軟體開發。

此外，還有一些工具不提供立即可用的狀態處理，因此不符合工作流程引擎的資格。不過，在評估工作流程工具時，它們還是經常被考慮在內。這些工具包括：

- 資料管線工具（data pipeline tools，例如 Apache Airflow）允許資料管線以圖形方式建模，但它們缺乏重要的功能，正如第 5 章「資料管線與串流」中所討論的。這些工具沒有自己的續存性實作；流程實體的狀態即為流經管線的資料項目。

- 整合工具（例如 Apache Camel）可以很好地解決某些整合問題。整合邏輯也可以被鏈串起來以實作一個業務流程，其缺點在第 5 章「資料管線與串流」中有提到。

最後，有幾類工具屬於流程自動化的範疇，但側重於可見性（visibility）方面。例如：

- 分散式追蹤工具（例如 Jaeger）可以在技術層面上視覺化請求是如何在系統中流動的。這可能有助於你理解突現行為（emergent behavior），這將在第 8 章的「突現行為」中介紹。

- 流程探勘工具（例如 Celonis）可以幫助你了解流程是如何以目前舊有系統間的一來一往所實作的。

你需要清楚了解一個工具屬於哪種類型。本書的網站（*https://ProcessAutomationBook.com*）在這方面又給出了一些指引。

本書的重點是工作流程引擎，所以是第一類。在選擇這樣的工具時，我特別建議你檢視：

- 供應商的願景和路線圖。願景告訴你該工具往哪邊發展，這驅動著方向和未來的行動。

- 平台的擴充性（extensibility）。擴充點（extension points）使你能夠掌握控制權，即便你超越了供應商原本的想法。在之後的專案中遇到死胡同往往是一種非常痛苦的經歷，它可能扼殺整個專案。

這兩個面向，即願景和擴充性，實際上比特定的功能更重要。具體的功能集總是會發生變化，但你可能會與一個供應商合作很長時間。然而，這種心態與我在過去無數次招標或 RFP（requests for proposals，徵求提案）中所觀察到的情況完全相反。

---

### 對 RFP 要謹慎

很常見的是，招標書是超長的試算表，供應商在其中勾選他們是否支援某個功能。從該試算表中，客戶得出一個分數，然後選擇分數最高的工具。雖然這種方法聽起來很公平和客觀，但實際上並非如此。

最大的問題是，供應商經常為這個購買流程進行最佳化。許多功能被開發出來僅僅是為了勾選一個方框，而非在現實生活中使用。這意味著你在專案中很快就會遭遇限制，而這完全沒有反映在試算表中。而且，雪上加霜的是，這些功能使整個產品更加複雜、更難維護，從長遠來看，這將導致更少的可用功能。不過，我並不想責怪供應商，他們往往是被他們的未來所逼迫的。

而在許多 RFP 中，決策是事先就下定了。試算表被調整為會選擇已經決定好的工具。這實際上是比聽起來更正面的事情，因為當公司要求進行正式的試算表評估時，這往往是依據他們的願景來選擇工具的好方法。

我個人的精彩回顧是曾有一個客戶打電話給我，討論我對一個 RFP 的回答。他們和我一起看過了整個試算表。在許多行上，他們告訴我，我們競爭對手的回答，並說「看，他們在這裡說是。但我知道他們開箱即用的功能，那對我們來說是無法使用的。你說否，因為你們沒有這個功能，但你們有一個易於使用的擴充點，讓我們能夠自行編寫該功能，這對我們來說更有價值。你是否同意我們在此把你的答案換成『是』？」。

---

但當然，你也需要進行具體的評價以建立你的簡短工具名單。下面的問題清單可以用來檢查最重要的面向。請記住，整個努力都是為了找到符合你需求的引擎，所以你不需要對所有的問題都說「是」的那種，而只需要對那些就你而言重要的問題說「是」的那種。你的評估標準應該包括：

## 整合的可能性

你如何將流程模型與程式碼相結合？你能使用你選擇的程式語言嗎？你能得到你需要的預建連接器（prebuilt connectors）嗎？你是否需要使用私有的專屬連接器，或是你可以為你所需的一切編寫程式碼？這能與你需要的所有技術整合嗎？該平台是否可擴充？

## 部署選項和支援的環境

你如何執行引擎本身？你能把它作為雲端上的託管服務來使用嗎？它是一個 Docker 容器嗎？你能在 Kubernetes 上執行它嗎？它是像 Spring Boot Starter 那樣的程式庫（library）嗎？它是否需要一些特定的環境，像是應用程式伺服器（application server）？它是否需要其他資源來執行，例如資料庫？

## 工具

它是否有你需要的所有工具（如第 2 章「專案生命週期中典型的工作流程工具」所討論的）？該平台是否仍然是輕量化的？也就是說，在使用核心工作流程引擎時，這些工具是選擇性的嗎？

## 流程建模語言

使用哪種建模語言（如第 5 章「流程建模語言」中討論的）？是否支持 BPMN？該工具是否涵蓋了你所需要的 BPMN 符號（因為有些工具有嚴重的不足之處）？

## 規模可擴充性和復原力

該引擎能否提供你的用例所需要的效能和規模可擴充性（scalability）？將引擎設置為以容錯（fault-tolerant）的方式執行有多複雜？

## 許可證（License）和支援

該工具是否有相應支援？你能取用原始碼（以防萬一）嗎？該工具的未來發展有什麼保證（例如，供應商仰賴收入流，所以它會關心該工具和它的用戶）？你是否得到你需要的所有法律保障（例如，合約、SLA、特定的開源許可證）？

我的建議是，根據對這些方面的評估，建立一個簡短的工具名單。然後盡快開始進行概念驗證（proofs of concept，POC），如第 12 章的「概念驗證」所述。現代工具可以在幾個小時內自動化你的第一個流程。這使你能與一個以上的供應商進行 POC。若有必要，你可以與你信任的、對不同供應商有一定經驗的顧問公司合作；他們可以協助你開始工作。這種 POC 實踐經驗對於形塑你們的方向將大有助益。

# 結論

設計一個解決方案架構和選擇技術堆疊需要仔細考量很多因素。這不是一項容易的任務，但另一方面，它也很少像火箭科學那般困難。

本章使你對要詢問的架構問題有了基本的了解。這應該足以讓你開始旅程，你可以沿途學習。每個架構都略有不同，每個旅程也是如此。不可能一開始就設計出完美的解決方案，若你嘗試那麼做，你將面臨一開始就陷入無休止的討論和評估的高風險。

# 自主性、邊界與隔離性

現代系統是由許多較小的元件（例如微服務）組成的。微服務架構重視服務的自主性（autonomy）和隔離性（isolation）。每個服務都很專注，並遵循 Unix 哲學：「Do One Thing and Do It Well（只做一件事並做好它）」。這就帶出了關於如何設置服務邊界（boundaries）的重要問題。哪些功能會進入一個服務或另一個服務，以及你要設計多少個服務？你要如何達成這些服務之間的解耦合（decoupling）？

這些問題，或者更確切地說，這些問題的答案，會影響到流程自動化，這就是為什麼在本書中涵蓋這些主題很重要。本章：

- 介紹領域驅動設計（domain-driven design）及其以耦合（coupling）為中心的思想，作為重要的基礎知識

- 描述業務流程如何幫助你設計邊界

- 探討邊界如何影響你的流程

- 討論工作流程引擎如何分散地執行以顧及邊界

## 強凝聚力與低耦合性

讓我們從凝聚力（cohesion）和耦合性的一些基礎知識開始，它們是相反的力量，需要小心平衡。你應該以所謂的康斯坦丁定律（Constantine's law，*https://en.wikipedia.org/wiki/Larry_Constantine*）為目標：「如果凝聚力高，耦合力低，結構就穩定（A structure is stable if cohesion is high, and coupling is low）」。

凝聚力與程式碼的組織方式，以及每個元件中程式碼的關聯程度有關。正如 Sam Newman 在他的 *Monolith to Microservices*（O'Reilly）一書中所說的那樣：「一起改變的程式碼就會保持在一起（the code that changes together, stays together）」。這個想法是，業務功能的一個預期變化（理想情況下）應該只導致一個元件的變化。

耦合一般意味著元件需要一起變化。耦合有不同的形式。不同來源的類型及其名稱有一些不同，但在本書中，我們將使用 Sam Newman 所定義的四種類型：

實作耦合（*Implementation coupling*）

如果第二個元件使用了你元件的內部實作知識，你就會出現實作耦合。一個很常見的例子是，如果另一個元件會查看你的資料庫結構，那麼你以後就很難改變這個結構。

時間耦合（*Temporal coupling*）

在分散式系統的同步通訊（synchronous communication）中，你依存於另一端點目前的可用性。這就是時間上的耦合。訊息傳遞系統通常可以緩解這種情況，因為你發送訊息的時候，訊息的接收者不一定要是可取用的。

部署耦合（*Deployment coupling*）

為了執行軟體，你必須建置部署單元（deployment units），它可以包含額外的程式庫、資源或流程模型。一個部署單元總是要一整塊一起被重新部署，即使其中大部分的人為構造都沒有改變。部署耦合的另一個例子是發佈列車（release trains），其中你強迫多個專案在一個更大計畫的中一次部署。這方面的一個例子是，如果你的公司一年只做兩次的大型發佈。

領域耦合（*Domain coupling*）

為你的終端客戶建立一個有意義的業務功能時，元件之間的一些耦合是不可避免的。例如，即使你的出貨服務不關心支付細節，你仍然必須確保只有已付款的訂單才能發貨。

你也許可以避免實作、時間或部署的耦合，而且通常我們都建議那麼做，但除非改變你們的業務需求，否則領域耦合是無法消除的。儘管如此，你仍然可以細心設計你的元件邊界，以減少潛在的問題。領域驅動設計可以幫助你定義這些邊界，所以讓我們進一步探討一下這個問題。

# 領域驅動設計、有界情境以及服務

讓我們來看看領域驅動設計（domain-driven design，DDD）及其圍繞有界情境（bounded contexts）的想法。其基本概念是，你需要對任何模型套用明確的邊界，使其集中和統一。這可以增加模型正確且有用的機會。

這種方法在許多公司以單體（monoliths）形式開發和部署軟體的時代背景之下變得很流行，當時資料庫被用來整合應用程式的不同部分。在這些系統中，依存關係（dependencies）經常增長到無法維護的地步，系統某個部分的小變化可能導致系統其他部分產生不可預測的副作用。當這樣的系統發展得很大，改變就會變得有風險，部署起來也很昂貴，所以公司就失去調整他們 IT 系統的能力。這是 DDD 解決的一個痛點，而有界情境是該背景下的核心思想之一。

我們來討論一個以訂單履行為中心的例子。一家郵購公司可能有五個核心的有界情境：結帳（checkout）、支付（payment）、庫存（inventory）、出貨（shipment）和訂單履行（order fulfillment），如圖 7-1 所示。

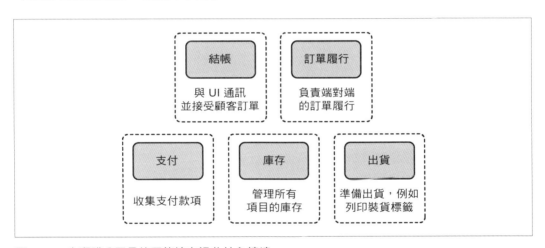

圖 7-1　一家郵購公司最終可能擁有這些核心情境

DDD 提倡由不同的利害關係者，特別是領域專家和軟體開發人員所共用的一種普遍語言。但在 DDD 中，關於語言、術語和概念的協議僅在一個有界限的情境中有效，這與許多企業架構方法相矛盾，這些方法試圖為整個公司，或至少為更大的業務單位定義一種共通語言。DDD 的重點是確保術語能在單一的有界環境中得到一致的定義，即使它們在不同的環境中可能意味著不同的東西。

舉例來說，「訂單（order）」是一個在不同語境中都知道的概念，但其含義可能不同。在結帳的情境中，訂單與顧客正在填滿的購物車有關，這種訂單可以輕易改變。在訂單履行的情境中，訂單是關於收費和發貨的確切指令，它是不可改變的。而在庫存情境中，訂單是非常不同的東西：它涉及到從供應商那裡重新訂購貨物以填補庫存。

另一個例子是顧客（customer）。大多數情境都關心這個概念，但它們關心的是它的不同面向：在訂單履行中，你只需要知道顧客的身份，在出貨中只需要知道地址，而在支付中只需要知道付款細節。所以，不同的情境對顧客和訂單可能有不同的定義，即使他們使用相同的詞語。

當然，這個設計也可以不同。如果郵購公司使用一個已經可以處理支付、庫存和包裝標籤的現成的網路商店，你可能也會為該商店準備一個情境，但沒有單獨的支付或庫存情境。在這種情況下，你也有一個有界的情境，而且不再允許術語重疊。

DDD 可以幫助你定義你的服務邊界。一個或多個服務實作一個情境。這不一定是一對一的映射（one-to-one mapping），但沒有服務可被允許跨越多個情境。

## 邊界與業務流程

所有的這些討論都很有趣，但我為什麼要在一本流程自動化的書中寫下這些內容呢？這是個好問題。情境和邊界極大地影響了你的業務流程設計，反之亦然，原因如下，接下來的章節中會有更詳細的探討：

- 許多端到端的業務流程在其生命週期中會接觸到多個情境。訂單履行的一個典型場景涉及取回付款和運送貨物。但是，你得避免設計出一個全知的流程模型，因為那會需要不同情境的內部知識才能發揮作用。取而代之，流程模型必須完全由一個情境所擁有。流程模型是領域邏輯（domain logic），因此應該被包含在實作各自情境的服務中。而且，由於流程模型對許多利害關係者來說是可以清楚看見的，所以它們應用其情境的普遍語言是非常重要的。

- 對業務流程進行建模和討論，尤其是在端到端的層面上，可以幫助你找到候選邊界，理解由此產生的責任，最終決定出你的邊界。

- 在一個情境中擁有工作流程引擎的能力，可以讓你認識到許多問題長時間執行的本質。這將有助於你捍衛你的邊界。

## 尊重邊界並避免流程單體

在我與人合著的 *Real-Life BPMN*（CreateSpace 獨立出版平台）一書中，我們使用了圖 7-2 所示的訂單履行範例。每當你處理一個訂單時，你首先要檢查該商品是否有庫存。如果沒有，你就觸發對該特定項目的採購。這是透過 BPMN 的呼叫活動（call activity）完成的，基本上就是調用另一個流程作為子流程，並等候其完成。採購流程可以向訂單履行流程報告延遲或不可用的情況，然後由訂單履行流程捕捉這些事件並採取行動，例如從產品目錄中刪除不可用的品項。

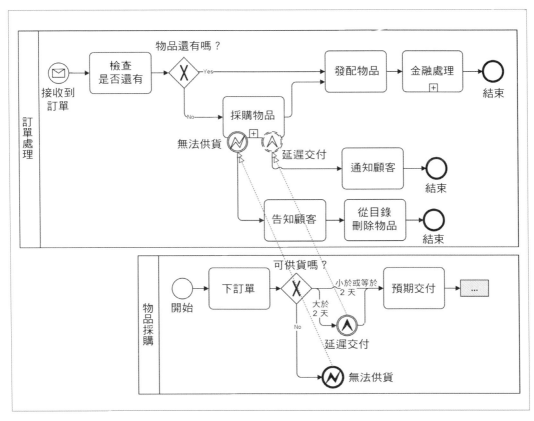

圖 7-2 混合不同責任的流程模型（源自 Real-Life BPMN）

這個例子是解釋該書中各種 BPMN 符號及其語意的一個好例子。然而，該流程設計在邊界方面是有問題的。

讓我詳細闡明。這個流程設計只能在一種場景之下執行良好，而那很有可能不是你所面臨的情況：在那種情況下，你以客製化的產品來履行特定的訂單，你必須為每個客戶的訂單明確購買這些產品。在這種情況下，你可能決定把訂單履行和物品採購放在同一個情境中，甚至可能是同一個服務。

但在現實中，你更有可能建立一個預期物品有庫存的訂單履行服務。如果無庫存，訂單履行流程可能需要等待，但該服務肯定不會負責採購或目錄管理，而是由庫存服務負責監控庫存和預測需求，以便在需要時採購物品，甚至可能與具體的客戶訂單無關。

在這種情況下，像前面描述的那個流程模型就成了流程單體（process *monoliths*）。圖 7-3 視覺化了訂單履行例子中的這種單體。這個流程模型違反了邊界，因此也違反了所涉及的服務之所有權。它顯示了不同情境的細節，這些細節不應該被結合在一個模型中。舉例來說，它包含了來自支付的許多內部細節。

在你的組織中，你不會找到一個可以負責這整個模型的人。取而代之，你將得召集多個團隊開會討論變化，或就推行計畫得到大家的共識。此外，你面臨的情況是，其他的那些服務有任何一個發生了相關的變化，你就得更新這個流程模型（反之亦然）。而且，正如你前面所看到的，如果你在一個模型中混合了不同的情境，使用你們的共通語言時，你也可能會遭遇麻煩，因為同一個術語在不同的情境中可能意味著不同的東西。

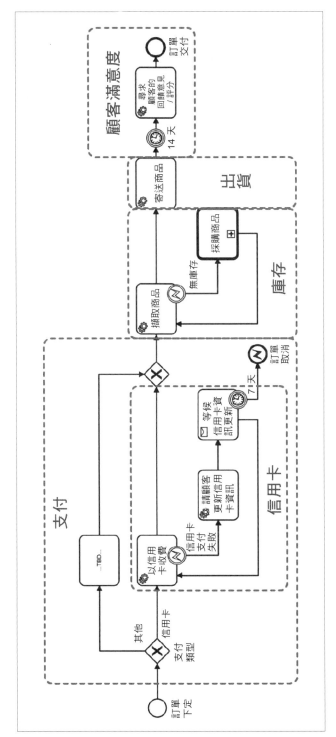

圖 7-3 避免像這樣的流程單體

像這樣的流程顯然是你想要避免的。取而代之，你需要把端到端的流程切割成適合不同服務的適當「片段」。圖 7-4 顯示了關於訂單履行、支付和庫存的例子。在這個例子中，每個流程模型都可以明確且完全地由負責各自服務的團隊所擁有。

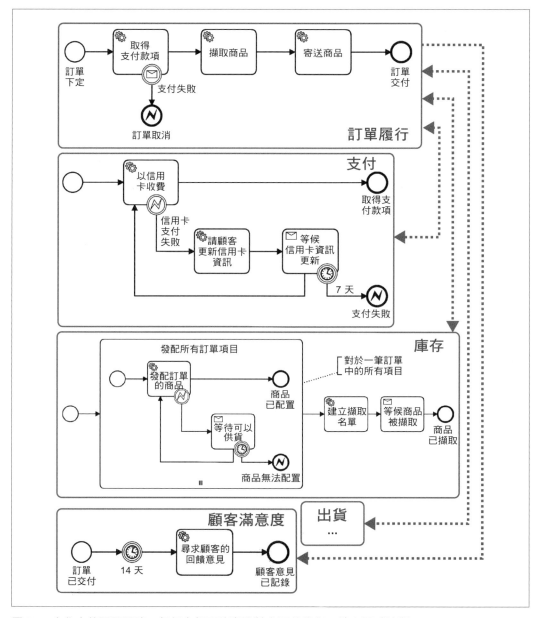

圖 7-4 合作中的不同服務；每個人都明確專注於自己的責任，擁有區域流程

值得指出的是，將流程切成片段所代表的意義不僅僅是向流程模型添加一些結構，就像你可以用 BPMN 中的子流程（subprocesses）做到的那樣。你需要將責任分配給不同的服務，以達到允許擴充開發規模的隔離程度，如前所述。舉例來說，你的訂單履行流程不需要關心支付的任何細節；它可以仰賴支付服務來提供最終結果（已支付或取消支付）。

如何劃分事情，基本上可以歸結為如果某件事情不成功「應該怪誰」這個問題。雖然這有點誇張，而且我真的希望你們沒有基於責備的文化，但它傳達了責任（responsibility）和責任歸屬（accountability）的本質。在前面的例子中，訂單履行的業務所有者將完全仰賴其他服務的能力和表現。他們沒有必要過多考慮支付是如何運作的，但他們可能要監控 SLA，因為一個效率低落或有缺陷的支付服務可能會影響整個訂單的處理時間，而這正是他們必須負責的。

如何劃分責任應該與你的組織一致。這意味著沒有通用的解答。以支付為例：我知道有的公司把這當作一項服務，有的公司則將其分為多項服務。你仍然可能有一個最終負責支付的服務，但它依靠其他處理信用卡、抵用券或其他類型支付的服務。這些服務中的任何一個都可能有自己的流程模型。

擁有多個流程模型的想法常常關係到你是執行一個中央工作流程引擎還是多個分散式工作流程引擎（我們在第 6 章的「分散式的引擎」中考慮過這一架構決策）。然而，我想強調的是，這兩個決定並不一定要有關連。你可以適當地設計由不同團隊擁有的流程模型，但仍然將它們部署在一個中央引擎上，就像許多公司在一個中央資料庫中部署多個資料綱目（schemas）一樣。這不會有同樣水平的隔離性，但它仍然是可行和可管理的。

 設計流程模型時，尊重服務的邊界是必須的：不要因為你的組織還沒有準備好執行分散式工作流程引擎，就破壞了這個目標！

## 培養你對責任的理解

你需要思考你的組織中每項服務的業務責任。要問的重要問題有：

* 這項服務所負責的業務產出是什麼？
* 它需要提供的 SLA 是什麼？

思考端到端的業務流程對於理解邊界和責任有很大幫助。你需要搞清楚不同的服務在做什麼，以及它們如何溝通以完成流程。這樣就能更加理解業務能力是如何實現的。

在 BPMN 中，你可以透過為協作圖（collaboration diagrams）建模來視覺化這種邏輯。這些圖將在第 10 章的「一個聯合模型之威力」中進一步討論；它們允許你視覺化不同的參與者以及他們一起工作的方式。

圖 7-5 顯示了一個訂單履行的例子。你可以看到當使用者按下 Dash 按鈕時，該按鈕會透過 HTTP 與一個結帳服務進行通訊。這個服務做了一些驗證，並透過 AMQP 將一個訊息傳遞給訂單履行服務，後者啟動一個流程實體。當訂單履行完成後，這將引發一個事件，該事件將被通知服務（notification service）讀取，而通知服務又會向客戶發送一封電子郵件。

協作圖顯示了不同角色之間的互動，使其成為思考某些設計和它們所產生的效果之優越工具。它們對於驗證你關於責任和 API 的想法是否為真非常有用，甚至特別是對失敗的情況。

請注意，這些圖表主要在設計階段有幫助，在那之後應該把它們扔掉，因為它們通常是不完整的，不值得花精力去保持它們的最新狀態。在客戶參與的典型溝通中，我們為目前正在討論的某些方案創建這些模型，目標並不是要讓它們完全準確；這樣做將不可避免地使它們變得過於龐大而無法視覺化。因此，在圖 7-5 中，一些流程缺少細節或隱藏起來。其他流程的內部運作也不是 100% 準確。如果模型能達到其目的，這都是 OK 的。

可能發生的情況是，你公司的同事們拒絕 BPMN 協作模型，認為它太複雜了。在這種情況下，你仍然需要討論和捕捉與模型中相同的資訊。像 Event Storming、Storystorming 和 Domain Storytelling 這樣的技巧可能有助於你發現這些資訊。我在本書中沒有涵蓋這些技巧，如果你有興趣，建議你在網際網路上搜索一下相關簡介。重要的是，在某個時間點上，你必須對業務流程和某些協作有深刻的理解。在那時，你不僅需要發現的技巧，還需要一個分析工具來驗證你的想法是否真的行得通。投入時間，以適當的細節勾勒出協作模型，絕對是有益的。

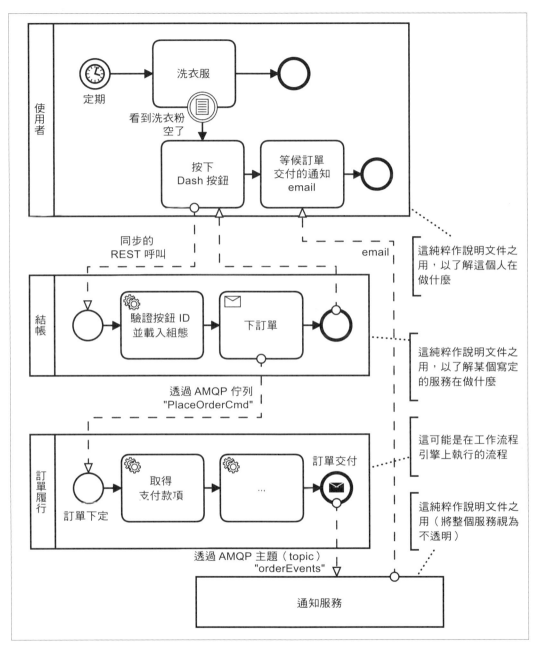

圖 7-5 BPMN 可以用來為一個完整的協作建模，這通常是有用的場景建模，以幫助理解服務是如何一來一往進行的。

這也是一個有用的方法，可以檢查例外情況是否在正確的情境下得到處理，因為你可以看到「那邊」的問題是否需要在「這裡」處理。這可以幫助你改善你的邊界。

## 長時間的行為幫助你捍衛邊界

擁有一個工作流程引擎將幫助你捍衛你的邊界。為了說明這一點，請回想一下第 1 章「狂野西部整合」的例子。該支付服務需要與一個不穩定的信用卡服務對話。在第一步中，該服務並沒有儲存任何狀態，這意味著在出現問題時，唯一的可能性是將問題轉交給其客戶端，在此情況下，即為訂單履行服務。

如果沒有儲存耐久狀態的可能性，支付服務就不能向使用者發送電子郵件並等待一週，直到他們輸入正確的資料為止。因此，支付團隊可能會傾向於單純把問題移交給訂單履行部門。這就是我所說的燙手山芋反模式（*hot potato* antipattern），你只是試圖儘快擺脫任何問題。不幸的是，這導致了支付的概念滲入 API，最終也洩漏到了客戶那邊。

舉例來說，在圖 7-6 中，訂單履行服務需要了解信用卡，但情況不應該是這樣的。如果你的支付服務可以長時間執行，你可以提供一個 API，單純讓你知道什麼時候支付成功或失敗，如圖 7-7 所示。工作流程引擎是一種簡單的辦法，可以在沒有 Wild West（狂野西部）整合的服務中實現這種長時間執行的行為。

圖 7-6　如果一個服務不能長時間執行，它就必須把某些問題重新拋給它的客戶端，從而導致內部概念洩漏到 API 中

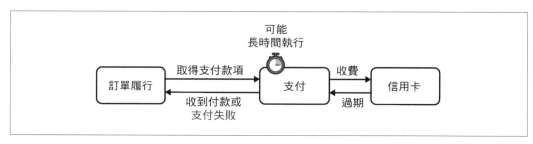

圖 7-7　一個長時間執行的服務實作了它所負責的一切，並提供了一個更好的 API

如果你的服務中沒有長時間執行的能力，就很難實作某些需求。這可能會導致內部概念洩漏到你的 API 中，而這又會增加你們服務之間的耦合性。工作流程引擎有助於降低這種風險。

讓我們在同一個例子中加入另一個角度，因為對長時間執行能力的需求也可能來自於業務要求。有時，信用卡會過期或被鎖定，所以不能被收取費用。在這些情況下，業務利害關係者希望通知客戶並要求提供新的支付細節。例如，在客戶不是線上輸入支付資料的情況下，這一點尤其重要，因為自動續費（automatic renewals）單純會使用帳戶中已儲存的支付資料。這也要求支付服務成為潛在的長時間運行服務。

# 流程如何跨越邊界進行通訊

流程間通訊（interprocess communication）有兩個基本選擇：

呼叫活動（*Call activities*）
> 透過 BPMN 構造運用工作流程引擎的能力來調用其他流程。

*API* 呼叫（*API calls*）
> 呼叫另一個會在內部啟動一個流程實體的服務之普通 API。API 的消費者甚至不知道有工作流程引擎在起作用。

你選擇哪種做法將影響到不同服務的耦合程度。

讓我們用一個小型範例來探討這個問題。最近，我和在整個公司都應用了工作流程引擎的客戶開了個會。他們有一個過時的文件管理系統（document management system，DMS），其 API 非常脆弱，他們想把它隱藏起來，不讓需要儲存或更新文件的流程看到。

該客戶接著建立了一個 BPMN 流程來與 DMS 溝通。這是個好主意，因為通訊是非同步的，並涉及大量的等待和重試。現在他們想讓整個公司都能使用這個流程。

讓我們來探討一下這個例子的兩種選項。

# 呼叫活動：只適用於邊界內的便利捷徑

BPMN 支援可直接調用（invoke）其他流程的呼叫活動（*call activities*）。呼叫端的流程（父流程）將等待被呼叫的流程（子流程）完成。子流程可以引發特定的事件，如錯誤或向上呈報（escalations），以便與它的父流程溝通。大多數工作流程平台在其操作工具中都支援呼叫的階層架構（call hierarchies），例如透過顯示流程的階層架構或優雅地處理屬於某個階層架構的流程之取消。在這種情況下，工具需要同時取消流程的所有子流程，並決定需要對其父流程進行什麼處理。

圖 7-8 顯示了文件流程的一個例子。在此例中，工作流程引擎將負責處理所有的實務細節。你可以定義輸入和輸出的資料映射（data mappings），所以對文件儲存流程的呼叫活動就會像一個 API。

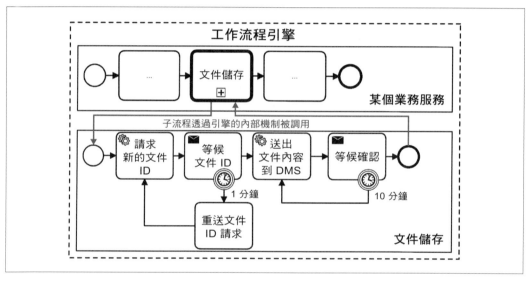

圖 7-8 呼叫活動可被用來調用部署在同一工作流程引擎上的流程

這個解決方案的優越之處在於，它的開發和操作都很簡單。調用流程就像指定你要呼叫的流程定義之名稱那般簡單。

但就像生活中的一切，這也是有代價的。在此例中，API 技術就是你的工作流程引擎。這意味著你只能在你的業務服務也使用 BPMN 的情況下才能使用這種機制。此外，只有當你的業務服務與文件服務是在同一個工作流程引擎上執行時，你才能使用這種機制。這只有當它們是在同一邊界內執行時，才應該如此。

簡而言之：如果你想從你的主要業務流程中提取如何呼叫文件工作流程的細節，這個解決方案就很好。如果你想在一個服務的不同業務流程中重複使用文件儲存工作流程，這也是OK 的。但如果你想在不同的服務中跨邊界再利用文件儲存流程，你就不應該這樣做。

## 跨越邊界的是 API 呼叫

當你跨越服務之間的邊界時，你通訊技術的限制不應該是你的工作流程引擎。那對跨邊界的通訊來說通常過於狹隘。你應該使用常見的 API 技術來取代，例如 REST、SOAP、訊息傳遞，或者你公司的任何通訊標準。

圖 7-9 顯示了相同的例子，但是文件儲存流程被部署為一個分別的服務，業務服務透過 API 與它進行通訊。業務服務甚至不需要知道文件儲存使用了工作流程引擎。如果將來你想改變文件儲存的實作，那麼你可以自由地這樣做，只要 API 保持回溯相容（backward compatible）就好了。

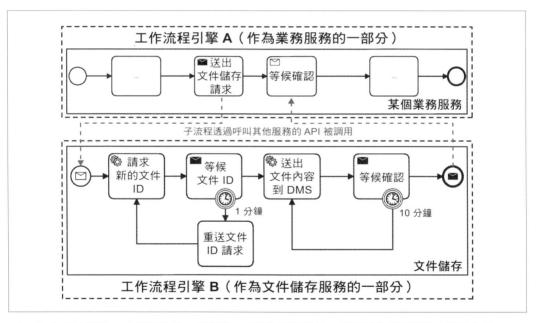

圖 7-9 你可以調用 API 後面的另一個行程，即使你不知道另一邊有工作流程引擎在發揮作用

雖然這在理論上絕對是最好的方法，但在客戶的場景中，由於 DMS 已經過時，還有一個額外的實際挑戰。我想在這裡描述一下，作為一個很好的例子，說明為什麼現實可能不會跟著教科書說的走。

客戶使用 SOAP 進行通訊。非同步回應（asynchronous responses），如來自文件儲存服務的回應，都需要一個 SOAP 回呼（callback）。雖然概念上很簡單，但客戶由於非常實際的原因拒絕了這種做法：每個 SOAP 回呼都需要配置防火牆規則（firewall rules），這不是一種好的流程。由於很多服務都需要文件儲存，這就會產生太多的循環通訊連結（cyclic communication links）。因此，他們改用一種輪詢（polling）的做法，其中業務服務每分鐘都詢問一次文件儲存服務是否已經完成。在這種情境之下，等待一分鐘是完全 OK 的，因為延遲一點都不重要。此外，額外的輪詢負載也沒有問題。結果就是，所有的通訊都是朝向文件儲存服務的單向溝通。

但是現在輪詢邏輯本身產生了一些長時間執行的複雜性（輪詢，等待一分鐘，再次輪詢，依此類推）。每個與文件儲存服務對話的流程都需要添加輪詢邏輯。為了防止這污染所有的業務流程，他們將輪詢提取到一個單獨的流程：文件儲存轉接器流程（document storage adapter process）。然後，這個流程可以透過一個呼叫活動從業務流程中被調用，如圖 7-10 所示。

為了避免在每個專案的源碼庫中複製貼上轉接器流程，客戶將轉接器工作流程封裝成一個程式庫，並將其嵌入到需要與 DMS 對話的每個業務服務部署中。

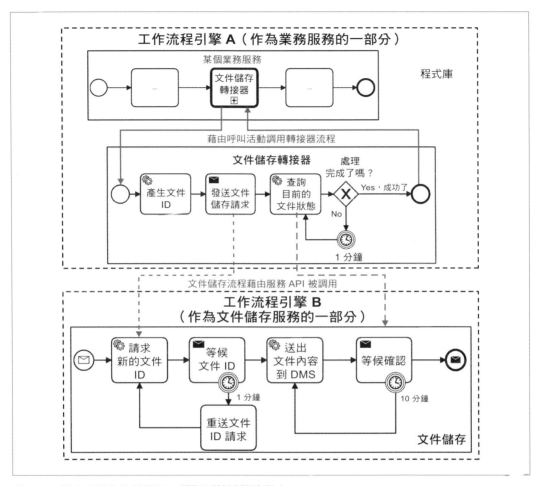

圖 7-10 將文件儲存的技術面向提取到轉接器流程中

從技術上來講，這意味著業務服務部署了自己的文件儲存轉接器流程，但是該流程模型取自程式庫，如圖 7-11 所示。這個程式庫還包含了完成所有遠端呼叫和資料轉換所需的膠接程式碼。最後，這個解決方案對客戶來說非常成功，但要注意的是，在封裝和部署方面的這種彈性並不是每個工作流程引擎都能做到的。

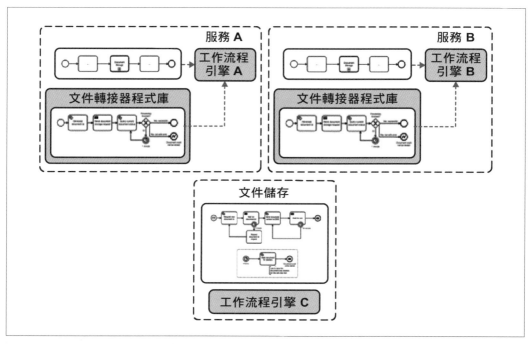

圖 7-11 轉接器流程單獨部署在每個工作流程引擎上，但來自同一個程式庫，以減少重複勞動

當然，這種解決方案有一個缺點，也就是，若有種要變更，需要在所有使用該程式庫的客戶端中進行更新。在此例中，這種程度的部署耦合是可以容忍的，因為程式庫只是實作了一小段的輪詢邏輯，以克服架構中 SOAP 回呼的障礙。主要的 DMS 邏輯仍然保留在文件儲存轉接器中。但可能的話，你應該傾向於單純使用分別部署的文件儲存服務之 API。

## 分散式的工作流程工具

Martin Fowler 在他關於微服務的著名文章中寫道（*https://martinfowler.com/articles/microservices.html*）：

> 建置不同流程之間的通訊結構時，我們看到很多產品和做法都強調把重要的「智慧」放在通訊機制本身。一個很好的例子是 Enterprise Service Bus（ESB，企業服務匯流排），ESB 產品通常包括訊息路由、編排、轉換和套用業務規則的複雜設施。

微服務社群傾向於另一種做法：智慧端點（*smart endpoints*）和傻瓜管線（*dumb pipes*）。由微服務建構而成的應用程式旨在盡可能解耦（decoupled）和凝聚（cohesive），它們擁有自己的領域邏輯，更像是經典 Unix 意義上的過濾器（filters）：接收請求、適當地應用邏輯並產生回應。這些都是使用簡單的 REST 那類協定進行編排的，而不是使用複雜的協定，例如 WS-Choreography 或 BPEL 或透過中央工具的協調。

儘管這篇文章是 2014 年的，但它依然有其重要性。當然，它基本上表達了使用 SOA 和集中式 BPM 後的共同感受，正如第 1 章的「被誤導的 BPM 套件」中所描述的。這樣做的一個結果是，你會發現外面有很多人，特別是在微服務社群中，會立刻把流程自動化（*process automation*）或協調（*orchestration*）這些術語和集中式工具連結起來。他們想像著網中央的一隻蜘蛛（a central spider in the web，我經常聽到人們就是這樣說），這違背了微服務以隔離性和自主性為中心的價值觀。這引入了單點故障（single points of failure），並增加了組織的摩擦力，因為每個人都必須與「BPM 團隊」對話。

讀到這裡，你應該已經有了更好的理解，知道流程自動化根本不需要集中化。正如你已經看到的：

- 業務流程應該根據有界情境和服務邊界來設計（參閱前面的「邊界與業務流程」）。藉此可以避免流程的單體化。

- 流程模型也是領域邏輯，包含在其邊界中，與其他可能用程式碼表達的領域邏輯一起。

- 工作流程引擎能以分散的方式執行，這意味著每個服務團隊可以做出自己的決定並操作自己的工作流程引擎（參閱第 6 章的「分散式的引擎」），甚至可以決定根本不使用引擎。一個重要的思維轉變是，在你的大腦中把流程自動化這個詞與集中式工具斷開聯繫。

# 結論

本章介紹了有界情境和服務邊界。你尋找這些邊界時，心中必須記得領域（domain）才行。解決方案沒有對錯，但有不同的設計可能性。

業務流程經常觸及多個情境和服務。這很好，但你需要確保每個可執行的流程都明確歸屬於一個服務，並避免流程的單體化。在你的服務中擁有一個工作流程引擎可用，能夠幫助你處理這些服務中的長時間執行需求，這將使你得以捍衛這些邊界。勾勒出端到端的流程可以幫助你找到或驗證你的邊界。

本章還談到，雖然你可以使用 BPMN 機制（呼叫活動）來調用同一工作流程引擎中的子流程，但這種能力不應該被用來從另一個情境調用流程。對於那種情況，應該使用服務之間的正常 API。

這是一個很好的基礎，能幫助你了解涉及到多個情境或服務時，該如何實現流程自動化，這是下一章的主題。

# 第 8 章

# 平衡協調與編排

與微服務的興起有所關聯的是*事件驅動的架構*（*event-driven architectures*）。在這些架構中，每當有重大事件發生時，服務就會發出事件（events）；然後其他服務可以對這些事件做出反應。這就是所謂的*編排*（*choreography*）。

你可能會自問，為什麼你需要在一本關於流程自動化的書中讀到這一點。這是一個很好的問題，需要用這一整章來回答。

本章：

- 介紹事件

- 解釋如何只透過編排和事件鏈（event chains）來實作流程

- 討論事件鏈在流程自動化中的取捨

- 描述協調與編排的不同之處，以及如何平衡這兩種溝通風格

- 解釋工作流程引擎在這些架構中的角色

- 破解圍繞著協調和編排的常見迷思

## 事件驅動系統

在過去的幾年裡，事件驅動系統（event-driven systems）變得越來越流行。建置事件驅動系統的主要原因是對團隊自主性（team autonomy）的渴望和對建構解耦系統（decoupled systems）的需要。

讓我們看一個例子，以了解如何達成這一目標。回想一下本書中已經介紹過幾次的訂單履行範例。假設有這樣一個需求，即有任何感興趣的事情發生，客戶應該收到通知，比如訂單已經下達、接受或已出貨。

所有的微服務都可以發佈事件。事件指的是在過去發生的事情。這些可以是技術性的事件，如使用者介面中的「滑鼠移動（mouse moved）」或「滑鼠點擊（mouse clicked）」事件，也可以是關於承載業務領域知識的領域事件（domain events）。在訂單履行的例子中，訂單狀態事件（order status events）就是領域事件。

現在你可以建立一個自主的通知服務，它可以收聽這些領域事件，並根據自己的判斷發送客戶通知，如圖 8-1 所示。

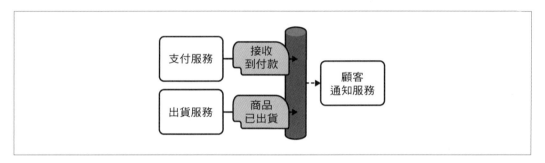

圖 8-1 事件可以被一個自主的微服務用來實作通知

這很棒，有兩個原因存在。首先，實作過程中，通知團隊不需要與其他任何微服務團隊交談。他們可以單純使用其他服務發出的事件之規格（specifications）。

第二，沒有其他微服務團隊需要考慮發送通知的問題。例如，支付服務不需要判斷何時發送通知，也不需要知道如何向客戶發送通知的相關事情。

所以在這種情況下，使用事件可以使你的架構有更多的自主性。

另一個例子視覺化於圖 8-2。假設結帳服務（checkout service）應該向使用者回報所訂購的物品是否有庫存並可以立即發貨。為了回答某物是否有庫存的問題，結帳服務可以向庫存服務（inventory service）詢問該物品的庫存量，等待一些回應（如圖左所示）。這至少導致了一個時間上的耦合，因為如果庫存服務不可用，結帳服務就無法回答這個問題。

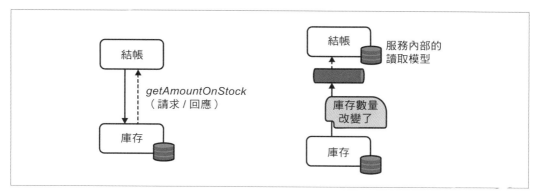

圖 8-2 你可以使用事件來避免請求 / 反應（request/response）的呼叫

在事件驅動的替代方案中（如圖右所示），庫存服務將庫存物品數量的任何變化作為一個事件發佈。舉例來說，這些事件可以被廣播到公司範圍內的一個事件匯流排（event bus）。結帳服務可以收聽這些事件，並使用那些資訊來計算和儲存一個物品目前的庫存量。這能讓它在本地端回答任何庫存問題，而不需要遠端呼叫。這減少了時間上的耦合，甚至可能為庫存服務帶來更幸運的負載分配（load distribution），因為公司的網站可以使用相同的機制，這意味著，如果你有數百萬的頁面瀏覽量，你不必請求當前庫存量數百萬次。

同樣地，就像生活中的一切，這也是有代價的；這裡的代價基本上是儲存需求增加和最終的一致性（eventual consistency）。儲存空間幾乎是每個小時都在變便宜，通常不是一個大問題，但最終的一致性可能真的會咬你一口。在此例，關於庫存量的資料可能是幾毫秒或幾秒鐘前的，因為有些事件可能還沒有被處理到。這可能會導致不一致，例如承諾要快速交付的東西其實在剛剛缺貨了。在分散式系統中，某種程度的潛在不一致性通常是可以容忍的，也是一種必要的取捨，但是，你仍然必須意識到這一點才行。

一個事件最重要的特徵是，發出事件的元件不知道誰對它做出反應，也不知道原因為何。而且，它也不應該去關心。

例如，滑鼠驅動程式絕對不會關心滑鼠點擊是否會導致使用者介面的反應。感測器並不關心檢測到的動作是否會導致一個行為產生。支付服務不應該關心當它發出一個已收到付款的事件時會發生什麼。而庫存服務發送其「庫存改變了（stock changed）」事件時，並不預期有人在使用它們。

這將在本章的「設計職責」一節中進一步探討。

## 突現行為

事件驅動系統由發射事件的元件和對事件做出反應的元件組成，前者並不知道這些事件會發生什麼。這些系統的一個非常重要的特性是突現行為（*emergent behavior*）。這種行為只有在執行時期透過觀察才能看到。這不一定是事先設計好的，而是在反應式元件的互動中湧現出來的。這不一定是壞事，而選擇一個事件驅動的架構通常是要向那個方向發展的經過深思熟慮的決定。

但這是有代價的，你需要了解。在某些情況下，你可以利用它為你帶來的彈性，但也有一些情況，你需要避免它可能造成的混亂。這種混亂可能會導致你不再了解你系統的情況。了解這個臨界點在哪裡可能意味著成功和失敗的區別。正如 Martin Fowler（*https:// martinfowler.com/articles/microservices.html*）所警告的：「雖然許多專家讚揚偶然發生的突現之價值，但事實是，突現行為有時可能是一件壞事」。

作為一個行業，我們仍然需要充分理解什麼是健康水平的突現行為。在本章的前面，你看到了突現行為可被認為是良好實務做法的用例。我們也來看看一些突現行為有問題的例子。如果有實作業務流程的事件鏈（chains of events），基本上就會是這種情況，就像下一節所說的那樣。

## 事件鏈

在訂單履行的例子中，領域事件也可以用來實作訂單履行的業務流程。在此例中，支付服務可以收聽來自結帳服務的訂單下定事件，為每個下定的訂單取回支付款項。處理一次支付將導致一個接收到付款（payment received）事件，庫存服務將收聽該事件。這個場景視覺化於圖 8-3。

乍看之下，這似乎會增加自主性，因為不同的微服務團隊可以各自獨立工作，而端到端的訂單履行功能是從微服務的互動中產生的。但這個場景是不同的，事件訂閱之間存在著一種關係，從而形成了一個事件鏈（*event chain*）。

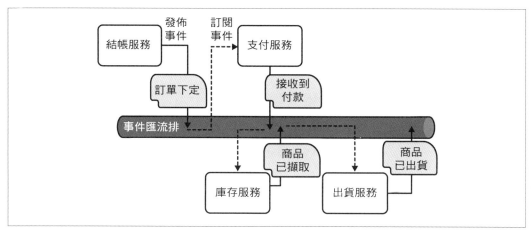

圖 8-3　連續的多個事件訂閱導致了事件鏈的出現

一個事件鏈是一連串的事件訂閱（event subscriptions），它真正實作了一個邏輯流程或業務流程，所以這些事件訂閱不是獨立的。

在這種情況下，你希望這些任務按照一定的順序發生，例如，在你實際發貨之前，要確保你有收到付款。但是沒有任何地方可以讓你了解或甚至控制這個順序。

你還希望有人負責端到端的履行，例如，確保每筆訂單都在承諾的 SLA 內交付。這是一個非常重要的觀察：在組織內有一個人關心訂單的履行，而且很有可能這個人需要對滿足 SLA 負責並被追究責任。從他們的角度來看，業務流程的實作是突現出來的是完全不恰當的，因為這要仰賴事件會在正確的時間被正確的服務所接收。

正如 Martin Fowler（*https://oreil.ly/mHUl6*）所描述的，這些特徵導致了事件鏈的一些嚴重挑戰：

> 事件通知很好，因為那意味著程度低的耦合，而且設置起來相當簡單。然而，如果真的有一個貫穿各種事件通知的邏輯流程，它就會變得很有問題。問題的癥結在於，很難看到這樣的流程，因為它沒有在任何程式文字中明確顯現出來。通常，弄清這個流程的唯一方法是監控一個即時系統。這使得除錯和修改這種流程變得很困難。危險的是，你很容易以事件通知做出漂亮的解耦系統，而沒有意識到你越來越無法看清更大規模的流程，從而為自己在未來的日子裡種下了麻煩的種子。這個模式仍然非常有用，但你必須小心這個陷阱。

## 變更事件鏈會影響多個元件

假設業務部門想在收到付款之前從倉庫中取走貨物。原因可能是他們想確保貨物真的有庫存，並且在拿客戶的錢之前可以按預期取貨。

這一需求影響了任務的順序。對於事件鏈來說，這是一個最壞的情況，因為這樣的改變不能在一個服務中區域性的進行。取而代之，你必須變更多個微服務，而那正是你在一個強調單個服務自主性的微服務架構中會想要避免的。

現在，支付服務不能收聽訂單下定（order placed）事件（或者至少它不能在第一次收到該事件時去取回付款）。取而代之，它需要收聽訂單已擷取（order fetched）事件。同時，庫存服務必須在收到訂單下定事件後立即擷取商品，但它需要忽略收到的接收到付款（payment received）事件。最後，出貨服務需要收聽「接收到付款」而不是「商品已擷取（goods fetched）」。這兩個事件流視覺化於圖 8-4 中。

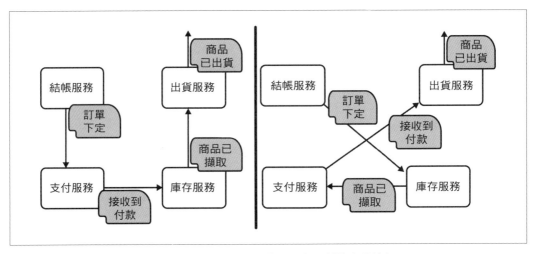

圖 8-4 順序的簡單改變需要變更三個服務（左：舊的；右：新的事件流）。

而且，你不僅要理解並做出這些改變，還必須協調它們的部署。實質上，這意味著三個微服務團隊需要聚在一起討論這個變化，提出一個聯合的時間計畫，最後商定一個集體部署（或一個逐步推進版本的計畫）。如果這讓你想起單體而不是微服務，我同意。

除此之外，你還有一個分散式的版本控制問題需要解決。對於流經你的系統的每筆訂單，你需要知道它是為舊的順序，還是為新的順序而啟動的。特別是，如果訂單是長時間執行的，並會在系統中停留幾個小時或幾天，你在部署變化時，還會有訂單正在流通。

當然，你或許能以不同的方式設計事件鏈：也許讓出貨服務同時收聽兩個事件（接收到付款和商品已擷取），或者讓庫存和支付服務一開始就收聽訂單下定。這樣的事件鏈可能會更幸運一些，導致更少的變化。但是請記住，往往有業務上的原因要有特定的順序，而且也不容易監督這些依存關係。此外，你通常不是設計事件流，它們是突現出來。

我看到一種模式發生在不同的新創公司，這些公司在開始時只處理少量的微服務和可理解的事件數量。事件和事件匯流排幫助他們獨立開發各種微服務。一個微服務可以根據可用的事件增添新的功能，使之快速而簡單。他們在這過程中創造出了事件鏈。

但一段時間後，情況發生了變化。當公司需要變更現有的功能時，他們很難弄清楚到底該怎麼做。他們往往不知道這個或那個事件在哪裡被使用，以及改變可能會引起什麼連鎖反應。在意外事故發生期間，你會聽到人們說「我們的系統無法做到這一點」或「這個功能從未以那種方式實作過」。

 事件可能使新功能的添加變得容易，但代價就是，很難變更事件鏈。

當然，你可以清醒地決定以事件鏈為基礎來進行建構上，以便在早期階段提升開發速度，並充分意識到長期的缺點。只是要確保你能追蹤記錄這種技術債（technical debt）。

## 缺少可見性

事件鏈是很難理解的，基本上是因為缺乏對這些串鏈內部的可見性。由於微服務的互動是分散式的，這會散佈在多個源碼庫中。你必須對所有的程式碼進行推理，以了解大局。

許多專案實際上就是這樣做的。他們開了一個研討會，畫了一張與真實源碼庫完全脫軌的圖，因此在完成的那一刻，它就已經過時了。

也有一些工具專注於檢查執行時期的行為（runtime behavior），並追蹤周圍流動的事件。關注業務流程的這種類型的工具剛剛開始出現。第 11 章深入探討了這一主題；至於現在，讓我們假設「缺乏對一般流程運作方式的可見性」是事件驅動系統的一個挑戰。

然而，在操作這樣一個系統時，有一個特別重要的面向是可見的。無論什麼時候出了問題，你都需要診斷並修復故障。在一個編排（choreography）中，由於缺少情境，這變得很困難。一個微服務中的故障不容易被追溯到事件鏈的起源地。如果你有形式不對的資料，可能需要花很多精力去理解它為什麼會出現。而且你可能不知道目前有哪些下一步被這些事件阻斷了，這非常難以變通。這類問題將在第 9 章的「有毒和死掉的訊息」中進一步描述。

## 分散式單體的風險

雖然系統通常是以事件驅動的方式設計的，以減少耦合，但你最終可能會意外使得耦合度增加。讓我們來看看一個真實的軼聞，在這個案例中，套用教條式的事件驅動做法導致了一個分散式的單體。

這個專案正在建立一個文件管理系統。作為他們領域的一部分，他們有頁面和附件。但他們也必須弄清楚授權（authorizations）：舉例來說，每一個新創建的頁面都需要建立授權條目（authorization entries）。

他們從一個事件驅動的設置開始。頁面微服務只是發佈了一個頁面已創建（page created）的事件，而授權服務可以接收到它並創建所需的授權條目，如圖 8-5 所示。

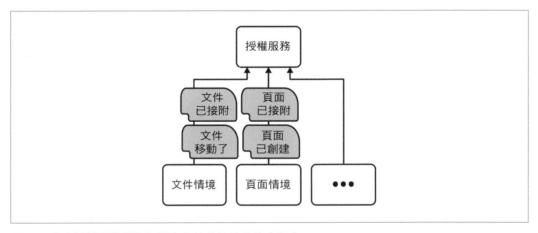

圖 8-5 中央授權服務需要知道來自其他情境的許多概念

雖然這看起來是很好的解耦，但這意味著授權服務必須知道頁面已創建事件、文件已接附事件等等。

其結果是，這些微服務以一種不幸的方式被耦合在一起。他們最終陷入了這樣的境地：每當他們對系統的其他部分進行修改時，他們就必須重新部署授權服務，因為這導致了授權服務也需要理解新的事件型別。這就是所謂的分散式單體（distributed monolith），你有一個需要被當作一個整體的源碼庫（codebase），但它是以分散式的方式來保存和部署。這並不是一種好的狀態。

他們最終重構了系統，讓授權服務提供一個明確的 API，所有其他的微服務若要傳播授權的變化，都有責任呼叫該 API。這視覺化於圖 8-6 中。

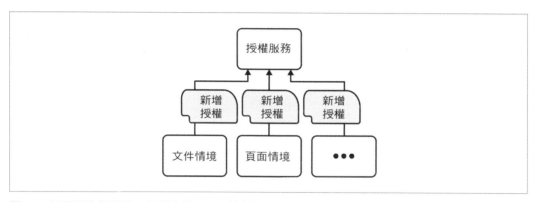

圖 8-6　授權服務提供了一個穩定的 API，其他情境則負責使用它

你仍然有耦合性，但這種設計產生了一個非常穩定的授權服務。哪個事件需要採取哪些行動的相關決定被移到了具有領域知識的微服務中，例如關心頁面的微服務。

# 協調和編排之間的對比

上一節中提到的授權服務的 API 是基於命令（command-based）的。這似乎是與事件不同的東西。讓我們進一步探討這點，以闡明協調和編排之間的區別。

## 命令簡介

回顧一下：事件是已經發生的事情，是一個事實。元件 A 發出事件，讓世界知道，但對於依據這個事件需要發生的事情，它沒有任何期望。元件 B 可能會，也可能不會對該事件做出反應。

相較之下，元件 A 也可以向元件 B 發送一個命令（command）。這意味著 A 希望 B 做一些事情。有一個明確的意圖存在，而且 B 不能乾脆忽略這個命令。

 一個事件不知道是誰把它撿起來的，也不知道為什麼。發出該事件的元件甚至不應該關心這些。如果它想讓某些事情發生，它所發送的就不是一個事件，而是一個命令。

我經常用 Twitter 上的推文作為比喻來解釋這種區別。如果你在 Twitter 上說你正感到餓了，這就是一個事件。它會被廣播給全世界，它可能導致一些行動，甚至可能產生真正的影響，例如某位追隨者為你帶來一些食物（如果你比我還幸運的話）。但更有可能的是，它完全被忽視，甚至可能沒有人閱讀。這對一個事件來說是 OK 的。

對於一個命令來說，情況則不同。想像一下，你發了一封電子郵件給你最喜歡的當地餐館，請求外送食物。現在你就有一個明確的意圖：你希望他們準備並遞送你的食物。你不會用 Twitter 來訂購餐廳的東西。

請注意，這與通訊協定無關。在 Twitter 和電子郵件中，我們用的都是非同步的通訊，但我們對於會發生什麼事，有非常不同的期望。而在同步通訊中也可以觀察到同樣的差異。如果你拿起電話打電話給別人（同步通訊），你可以說：「嘿，我餓了」（事件）或「你好，我想點餐」（命令）。內容的類型與通訊管道無關。

對於一些人來說，命令（*command*）這個詞暗示著命令不能被拒絕。這不是真的，因為餐廳的回應很可能是拒絕你的訂單（也許是因為你喜歡的餐點今天沒貨了）。重要的是，他們必須回應，他們不能忽略你的訂單。

這指出了命令的另一個面向，那就是大多數情況下都會有一個反饋迴路（feedback loop），比如對命令的一個確認（acknowledgment）或甚至是一個回應（response）。雖然這不是每個命令都必須的，但這背後有一個簡單的邏輯：如果你想讓另一個元件為你做什麼，你會想要確保它有收到命令並最終被處理。如果對於命令是否到達你沒有得到任何回饋，你不會感覺太好。

回到訂午餐的例子：當你透過電子郵件發送訂單，除非你得到電子郵件的回應，否則你對於它是否會有預期的結果不會太有信心。或者，如果你是透過某個商店介面訂購，馬上就能確認你的訂單，感覺也會比較好。但在這兩種情況下，反饋迴路都不是最終的回應，只有當飯菜真的準備好並送到你面前時，你才會感到高興。

# 訊息、事件與命令

事件和命令有非常不同的語義，但它們都是某種通訊的有效負載（payloads），通常是一個訊息（message）。需要注意的是，事件和命令的特點是其語意，而非技術協定。舉例來說，你可以透過 REST 實作命令，但你也可以使用 REST feeds 來實作事件，即使這在現實生活中很少發生。你也可以透過非同步訊息來發送命令，通常是把訊息放在佇列中給專門的接收者，而事件通常都是透過主題（topics）分發給任意數量接收者的訊息。

現在非常重要的是，要準確地表達你所談論的內容，無論是傳輸方式（訊息）還是有效負載的類型（事件或命令）。隨著 Apache Kafka 等事件中介者（event broker）技術的興起，我看到許多公司都在為混淆的術語而掙扎。

出現這種情況是因為 Kafka 本身沒有訊息的概念：Kafka 儲存的是記錄（*records*）。用記錄這個詞來代替訊息，是因為記錄是以續存的方式儲存（stored persistently）的，這與傳遞訊息然後忘記它們的訊息傳遞系統（messaging systems）有所不同。但是很多開發者的語言並不精確，他們使用事件（*event*）一詞來代替記錄，因為他們認為 Kafka 是一個事件匯流排（*event bus*）。這意味著你在這些公司中會面臨兩種不同的事件定義，如圖 8-7 直觀所示。

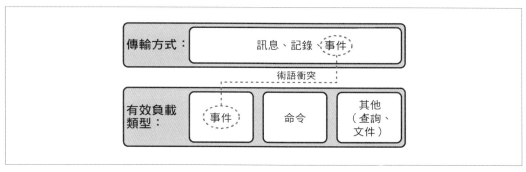

圖 8-7　當人們說「事件」時，他們指的可能是有效負載中的真正事件或包含事件的訊息；這可能造成混淆

這可能導致人們認為所有的東西都是事件，以及 Kafka 不能處理命令。但事實並非如此；你當然可以把命令寫成 Kafka 記錄。

這個反模式還有一個相關的風險，叫做偽裝的命令（*commands in disguise*）。如果開發者認為所有的東西都需要作為事件來發送，那麼命令就會被塞進事件中（偽裝成事件）。如果你看到「客戶需要得到關於他們訂單的通知」的事件，它顯然不是一個事件，因為發送者希望某些事情發生。發送者有一個意圖。它是一個命令，就應該被那樣對待。使用「發送訊息」會更清楚。

## 專有名詞與定義

對事件和命令的討論為協調（*orchestration*）和編排（*choreography*）的定義鋪好了道路。遺憾的是，這些術語並沒有一個全球公認的簡明定義。由於誤解會導致錯誤的結論和糟糕的決定，讓我們在本書的情境之下定義這些術語：

- 命令驅動（command-driven）的通訊 ＝ 協調
- 事件驅動（event-driven）的通訊 ＝ 編排

第 4 章非常詳細地介紹過了協調，並描述了工作流程引擎如何協調任何東西，從人類到 IT 系統和服務。在這個意義上，orchestration 實際上意味著協調（coordinating）活動或任務。這並不限於工作流程引擎。一般來說，如果你有協調（coordinate）一或多個其他元件的元件，你說的就是 orchestration。這意味著該元件會發送命令。

在編排中，元件以事件驅動的方式直接與對方互動，以便完成一些事情。

這個定義的一個重要後果是，它關注的是單一的通訊連結，而非整個系統。這意味著，說你設計了一個「編排好的系統（choreographed system）」，很少會有意義。不過，我還是經常聽到這些過於簡化的說法。

在一個好的架構中，這兩種溝通風格你都找得到：協調和編排。很多時候，這會是一種瘋狂的混合體，你甚至可能沒有意識到你在使用協調，例如當你「只是」呼叫這一個其他服務。

我通常更喜歡談論基於事件或基於命令的互動，因為協調和編排這兩個術語帶來的混亂比他們解決的還要多。

# 避免使用命令的事件鏈

讓我們重新審視本章開頭的履行例子，並嘗試改進架構，解決圍繞著事件鏈的挑戰。

特別是，我們需要處理履行訂單的整個業務流程之責任所在。職責設計是一個共通的主題；本章將在不久後更深入地探討它。在這個具體的例子中，這很可能會導致一個分別的訂單履行微服務，因為這個責任不適合放到支付、庫存、結帳或出貨。

結帳服務發出一個訂單下定事件或許是可以的，因為結帳團隊根本不負責確保訂單被交付。訂單履行的微服務可以訂閱該事件，但從那裡開始，它就得負責採取所有必要的行動（參閱圖 8-8）。

訂單履行的微服務首先要確保該訂單的付款將被取回。有一個意圖就會轉化成一個命令。因此，訂單履行服務發送該命令，並等待收到付款，可能由前面提到的接收到付款（payment received）事件來表示。然後，訂單履行微服務可以向庫存微服務發送一個命令，告訴它要從倉庫中擷取什麼貨物。如此一來，訂單履行微服務就能控制事情的順序。

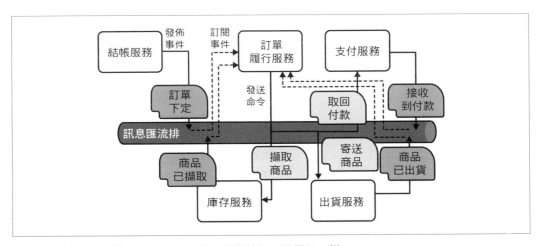

圖 8-8　所有重要的職責都需要一個家，就像整個訂單履行一樣

注意到這些職責定義得很清楚。訂單微服務負責訂單的履行，它將在其旅程中指揮其他服務。這樣做的原因是，它關心取回的付款、被擷取的商品，等等。

支付服務「只」負責安全、可靠地收錢。而透過聽從某個命令，支付團隊不需要被迫理解像「訂單下定」這樣的事件。他們不需要知道他們到底在為什麼取回付款，也不需要知道在整個流程中，到底什麼時候那必須發生。

一旦有另一個客戶在取回付款，這也是一種有益的設計。舉例來說，假設你的公司還提供一些訂閱服務，或者銷售可下載的資材，而不是必須物理運輸的貨物，如圖 8-9 所示。

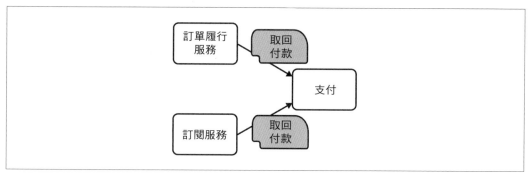

圖 8-9 支付團隊不需要知道是誰要取回付款；它的責任是在被命令時可靠地收取費用

這種變化根本不需要支付服務的調整，然而基於事件的 API 則需要支付服務中的變更。把這種想法推向極端，你能想像一個 SaaS 支付供應商提供一個基於事件的 API，其中你甚至不能保證該事件會發生什麼嗎？

 一個元件越是通用，如果其他服務需要與之通訊，它就應該越不需要改變。在這種情況下，基於命令的 API 通常是可取的。

一個非常不同的例子是本章開頭提到的訂單通知的發送。在那種情況下，訂單通知郵件是否正確發送，可能不是由訂單履行團隊所負責。誇張一點說，他們根本不在意。

因此，基於事件的通訊很適合這種情況。通知服務負責向客戶發送通知。它將顧及資料安全問題和客戶偏好的通訊方式。這使所有其他服務都擺脫了這一責任。

但是，如果你設計了一個全公司範圍的通知服務，可以發送任何類型的通知，比如關於訂單、付款、訂閱、新聞等等，這個服務可能不應該知道來自訂單履行的事件。所以，你可能需要一個額外的訂單通知服務，負責把事件轉譯成正確的命令，如圖 8-10 所示。

正如你所看到的，你需要了解你的組織和不同元件的職責，以決定是否使用事件或命令來進行某種類型的通訊。

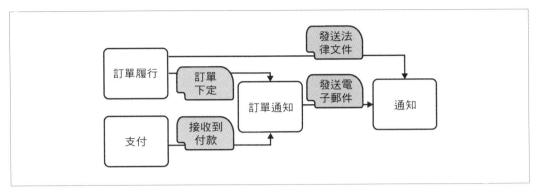

圖 8-10 根據其範圍和設計的職責，通知可以是事件或命令驅動的

## 依存關係的方向

兩個服務之間的每一次通訊都涉及某種程度的耦合。這裡一個有趣的面向是，你可以選擇依存關係的方向（direction of dependency），從而決定哪些元件與其他哪些元件耦合。圖 8-11 中顯示了訂單履行範例的各個面向。

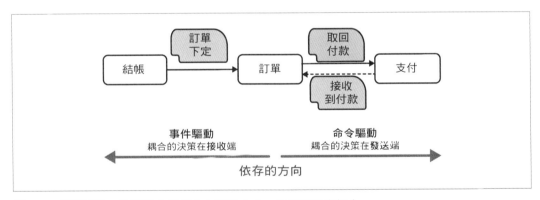

圖 8-11 透過事件，你與接收者耦合；透過命令，你與發送者耦合

當一個服務收聽一個事件時，接收者被「領域耦合（domain-coupled）」到該事件。這意味著它知道事件將在哪個頻道上被接收、事件代表著什麼，可能還有附加在事件上的資料之綱目（schema）。依存關係的方向是從接收者到發送者。正如你在本章前面所看到的，在某些情況下這是一個好的選擇，但在其他情況下卻不是一個好的選擇。

相較之下，一個服務可以向另一個服務發送一個命令。為了做到這一點，發送者必須知道這個命令是什麼意思、要把它發送到哪個頻道，以及可能要附加什麼資料。依存關係的方向是從發送者到接收者；發送者被「領域耦合」到了接收者。

如果不同的元件需要互動，一定程度的領域耦合是不可避免的，但你可以慎重地決定它是在發送端還是接收端。這決定了你是要使用事件還是命令。

# 找出對的平衡

你將需要在你的架構中應用事件*以及*命令，也就是編排*以及*協調。因此，你必須找到正確的平衡。雖然聽起來很複雜，但這基本上意味著要對微服務之間的每一個通訊連結是否使用事件或命令做出有意識的、理性的選擇。讓我們來探討一下這個問題。

## 決定是要使用命令或事件

一個好的試金石是問，對於發出一個事件的元件而言，如果該事件被忽略，它是否可以接受。如果是，那麼它就真的是一個事件；如果不是，你面前的可能是一個命令。我並不是說對事件的反應並不重要。在訂單履行的例子中，發送通知郵件是很重要的，而得不到通知可能會讓客戶感到惱怒。不過，如果發生這種情況，也不是什麼大問題，更重要的是，事件的做法意味著這並非訂單履行團隊的問題。

如果你有法律要求的通知，情況可能會有所不同。在這種情況下，訂單履行團隊可能要對該通知負責（並被追究責任），這就促使了命令的使用。

當然，你也可以用不同的方式來設計這種責任，但通訊類型必須與你的決定相匹配。如果訂單履行要負責，他們就應該為該通知使用命令。另外，你可能會以不同的方式分配責任，讓通知團隊負起責任，在這種情況下，事件就是你所要的。

## 混合命令與事件

讓我們擴充一下客戶新申辦流程的例子，以找到一個更平衡的觀點。在他的 *Building Microservices*（O'Reilly）書中，Sam Newman 也使用了這個例子，但基本上他看的是建立客戶資料後的步驟，如圖 8-12 所示。

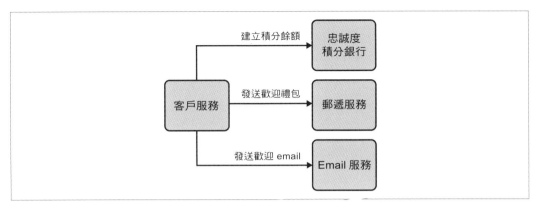

圖 8-12　使用協調的建立客戶資料後流程（來自 *Sam Newman：Building Microservices*）

他指出：

> 這種協調方法的缺點是，客戶服務可能會變得太像一個中央管理機構。它可能成
> 為網路中心的樞紐，成為邏輯開始生長的中心點。我曾看過這種做法的結果是，
> 成就了少量的智慧「全能」服務，告訴基於 CRUD 的貧乏服務要做什麼。

Sam 進一步主張使用一個事件來通知其他系統有一個客戶已經被創建，如圖 8-13 所示。

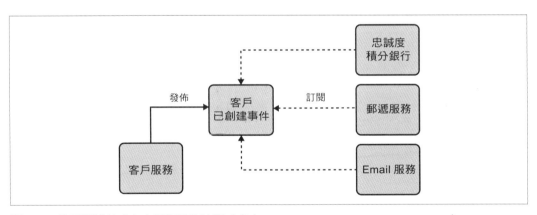

圖 8-13　使用編排的建立客戶資料後流程（來自 *Sam Newman：Building Microservices*）

雖然我可以同意，客戶註冊之後，事件可能是比較好的辦法，但對於預先檢查來說，
情況可能不是這樣。圖 8-14 顯示了整個客戶新申辦流程的一個可能的解決方案，以
BPMN 協作圖的形式視覺化。

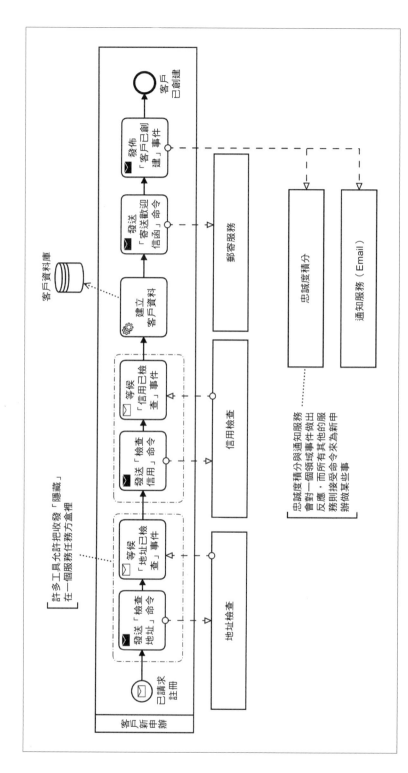

圖 8-14 最終的客戶新申辦流程可以混合協調與編排

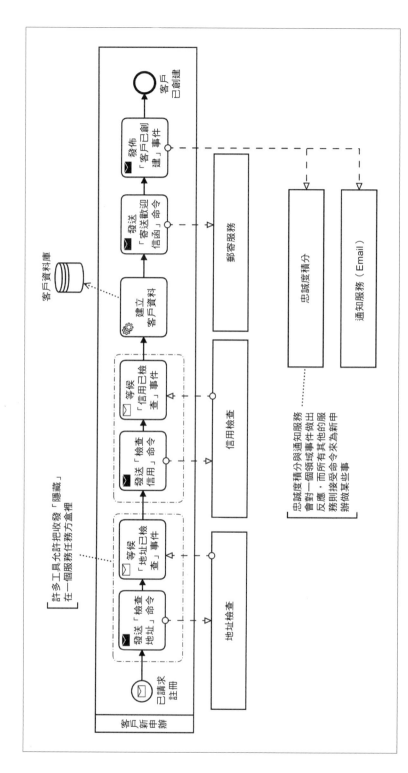內包含文字：

客戶新申辦

已請求註冊

發送「檢查地址」命令

等候「地址已檢查」事件

發送「檢查信用」命令

等候「信用已檢查」事件

建立客戶資料

發送「寄送歡迎信函」命令

發佈「客戶已創建」事件

客戶已創建

客戶資料庫

地址檢查

信用檢查

郵寄服務

忠誠度積分

通知服務（Email）

許多工具允許把收發「隱藏」在一個服務任務方盒裡

忠誠度積分與通知服務會對一個領域事件做出反應，而所有其他的服務則接受命令來為新申辦做某些事協作圖將在第 10 章的「一個聯合模型之威力」中詳細討論；它們允許你在一張大型圖表中對你們系統中不同元件之間的協作進行建模。新申辦流程本身很可能在客戶微服務中實作，但也可能是在一個單獨的客戶新申辦微服務中。

該流程的某些部分最好使用協調來設計，而其他部分則可以從編排中受益。該流程指揮地址和信用的檢查，這顯然是編排。在流程的後期，客戶已創建的事件會導致其他微服務的相關行動，正如 Sam 所提議的那樣。對於手頭的每一種通訊，你都必須考慮要用事件還是命令。

## 設計職責

本章顯示，在設計通訊連結時，你確實需要考量每個元件的職責。在發送者對接下來發生的事情不負責任的情況下，你應該發出事件，而在發送者負責並需要確保某些事情發生的情況下，使用命令。

讓我們進一步探討客戶新申辦例子中的客戶歡迎信函。正如你在圖 8-14 中看到的，這是透過發送一個命令來完成的。這是為什麼？為什麼發送歡迎信函的服務沒有同時收聽客戶已創建的事件呢？

在此例中，我假設客戶新申辦團隊負責確保這封信真的有被送出。這可能出於某項法律要求，這並不罕見。這不是客戶新申辦團隊可以「讓它突現出來」的事情，也就是說，他們不能單純假設那將被一些對正確事件做出反應的元件所發送。他們是有責任的。你們的 CEO 可能在任何時候找到這個團隊，詢問為什麼某位重要客戶沒有收到歡迎信函，而他們不能指責其他的任何人說，他們的事件沒有被處理；這是他們的責任。責任和追究責任與控制某些通訊的需要相伴而生。只有他們發出的是命令時，他們才能把責任轉嫁給通知服務；一旦該服務收到命令，那麼如果信沒有發出去，就是該團隊的錯。

相較之下，發送通知 email 和在忠誠度積分計畫中註冊客戶，可能就不是客戶新申辦團隊的責任。這使得該團隊能夠保持專注。在此例中，事件將是很好的辦法，因為新申辦流程根本不需要為忠誠度計畫而煩惱。取而代之，忠誠度計畫團隊獨立開發其解決方案。若有客戶沒有正確註冊該計畫，你們 CEO 會找那個團隊，而不是客戶新申辦的人。

你需要了解如何將責任分配給不同的元件。換句話說：你需要知道哪個團隊要對某項需求負責。這不僅會指引你制定出良好的邊界，而且還會引導你對於「事件 vs. 命令」的決策。如果發送方要負責，那麼它就關心事情的發生，這意味著你需要使用命令。如果發送方不在意，但接收方負責採取行動，你通常可以使用事件。

責任從來不是固定的。你或你的組織可以設計它們，而且肯定需要這樣做。這與設計你微服務的邊界有很大關係。判斷要使用事件（編排）還是命令（協調），單純就是考慮到責任所產生的結果。

如果你忽略了責任，你最終會有無法控制他們要負責之事的團隊。這可能會導致指責和挫敗感。

如果你沒有正確地設計責任，你會建立起需要在團隊之間進行大量討論和協調的系統，因為你經常會需要一起改變多個部分，而那正是你在使用微服務時想要避免的。

## 評估變更方案以驗證決策

為了能更加理解耦合的差異，討論變更方案（change scenarios）是有幫助的。這可以讓你在往後需要做出改變時預測效果。假設對於一個客戶專案，你正在比較一個協調的和一個編排的客戶新申辦流程。

起初，該專案團隊堅信事件驅動的替代方案耦合度更低。他們想實作圖 8-15 所示的事件鏈，其中已請求註冊（registration requested）事件觸發了信用和地址檢查服務。它們兩個最終都會將結果作為事件發出，而客戶服務將等待這兩個事件的發生，以便創建客戶。

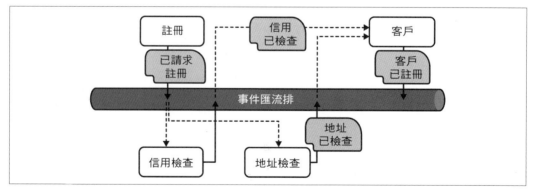

圖 8-15 實施客戶新申辦流程的事件鏈

你的觀察是，走這條路線的決定是基於遊說工作和一些關鍵人物的個人想法。這絕對不是由適當的調查所支持的。為了激發良好的討論，你找到在這種情況下很實際的一個變更方案：在流程中新增一個額外的檢查。我們把它稱為犯罪檢查（criminal check）。圖 8-16 視覺化了事件流的變化和需要相應改變的微服務。

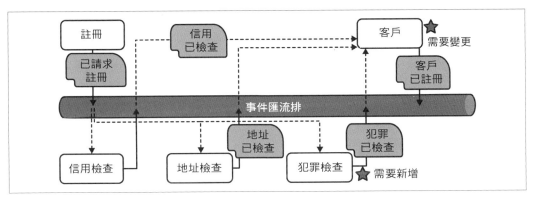

圖 8-16 在一個編排中新增一個額外檢查所需的變更

正如你所看到的，除了將新的檢查作為自己的微服務來部署外，你還需要調整和重新部署客戶微服務。這個微服務現在需要等待新的犯罪檢查提供一個結果。當然，你可以引入一個分別的客戶新申辦微服務來處理所有的這些邏輯，但這只是把問題轉移到架構中的另一個地方而已。

相較之下，該流程的一個協調版本視覺化於圖 8-17。在此例中，客戶微服務（如果你喜歡，也可以是一個特定的客戶新申辦微服務）對已請求註冊的事件做出反應，但隨後命令其他檢查來完成它們的工作。

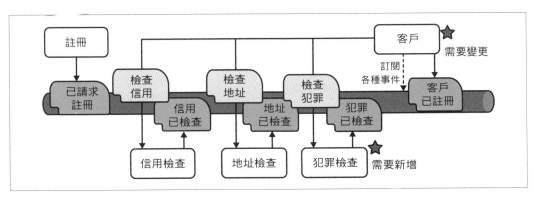

圖 8-17 在協調中添加一個額外檢查所需的變更

為了在這裡添加檢查，你必須部署新的微服務，以及調整並重新部署客戶微服務，這與編排中的變化完全相同。這意味著事件驅動的流程的解耦程度沒有更高。而且在協調的版本中，你將有一個明確的位置來獲得整個流程的可見性，但在編排的方案中，這種知識是分散在所涉及的各種微服務中。

請注意，這個例子仍然是過度簡化的。在現實生活中，新申辦的流程更加複雜，在做所有的這些檢查時，需要一定的步驟順序。舉例來說，如果地址是無效的，你就不會做信用檢查，特別是考慮到信用檢查要真的花錢。一個更實際的順序會增加你在實作這種變化時必須觸及的微服務的數量。只要提醒自己注意圖 8-4 的例子，其中擷取商品應該在取回付款之前完成。要改變一個事件流的順序是很難的。

# 破除常見迷思

我經常遇到關於為何要避免協調或編排的迷思，或者為什麼編排才是正確做法的迷思。這些故事非常普遍，所以值得快速瀏覽一下，不僅要意識到它們的存在，還要了解它們為什麼是迷思。

## 命令並不需要同步通訊

一個常見的迷思是，命令要求你進行同步通訊，這導致了時間耦合（我們在第 7 章的「強凝聚力與低耦合性」中提到過）。

但這並不是真的。正如第 8 章的「訊息、事件與命令」中所解釋的，命令（和事件）是獨立於通訊協定的。在它們之間進行挑選的選擇，與是否使用同步或非同步通訊的決定沒有關係。因此，你可以透過使用非同步通訊來緩解時間上的耦合。現在，元件 A 可以在一個訊息中向元件 B 發送一道命令，即使 B 在那一刻不可用也是。該訊息單純會在佇列中等待。

重要的是要明白，時間上的耦合僅僅來自於同步通訊，而不是選擇使用命令的結果。

我甚至看到這個迷思的另一種「口味」：協調意味著有一個元件透過使用由同步的阻斷式請求組成的一個串鏈（a chain of synchronous blocking requests）來協調其他多個元件。圖 8-18 顯示了一個例子，其中一個訂單履行服務藉由調用其他微服務的同步阻斷式呼叫來進行協調。

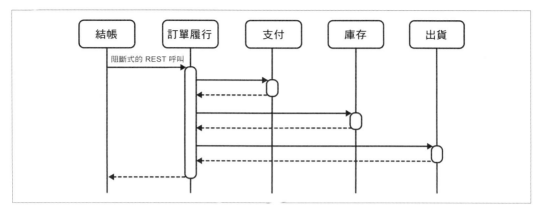

圖 8-18 對協調的誤解：一個元件處理大量的同步阻斷式呼叫

實作這樣的同步呼叫鏈有嚴重的缺點。首先，你會發現到延遲悄悄溜進了你的服務呼叫，這表示各個服務呼叫的所有延遲和處理時間都會加總起來。這使得結帳對用戶來說是一個相當緩慢的體驗。

其次，你可以看到訂單履行的可用性被侵蝕了，因為所有必要的服務都得在這個呼叫被觸發的確切時間點上可以取用。

但同樣地，這個問題與訂單履行服務協調其他功能無關；它的根源在於使用同步通訊鏈。

 協調並沒有引入時間上的耦合，同步通訊才是。這個問題可以透過非同步（asynchronous）來解決。協調是獨立於通訊協定的。

## 協調並不一定要集中化

繼第 6 章「分散式的引擎」和第 7 章「分散式的工作流程工具」的討論之後，我想再次強調，在本章的情境中，協調工作不需要是集中式的。你真的要在大腦中斷開協調（orchestration）和中央（central）這兩個詞語的聯繫。有時，使用本地協調（local orchestration）或分散式協調（distributed orchestration）等術語來強調這一方面會有所幫助。

Orchestration 只是意味著指揮（或協調）另一個組件。每個元件都可以做到這一點，這並不代表有一個中央協調器（central orchestrator）存在。

此外，協調並不與特定的工具相連。工作流程引擎對於實作長時間執行的協調流程有很大幫助。然而，一個使用程式碼發送命令的元件也在協調其他元件，因此也在進行協調。

如果你能成功地對協調的真正含義、事件和命令所起的作用以及工具事實上是否需要成為中心進行更公開的討論，那麼你就會有一個更好的基礎來做出偉大的決定。

 協調不是集中式的，即使它在 SOA 時代就被這樣宣揚過。你可以在本地端的微服務中實作它，或許搭配一個工作流程引擎。

## 編排並不會自動導致更多的解耦

本章已經描述過，為什麼兩個元件之間的每一個通訊連結都會導致耦合。然而，有一個迷思是，在事件驅動架構中，耦合性會大幅減少。

作為一種概括，這是無稽之談。

使用事件時，你決定在通訊的接收端進行耦合，當然這在某些情況下是有益的。但在其他情況下，這並不是好事。你需要分別考慮個案，才能做出這種選擇，以建立一個良好的架構。

## 工作流程引擎的角色

工作流程引擎在你的架構中扮演著至關緊要的角色，與你是使用編排還是協調無關。這起初可能會讓人感到驚訝，因為工作流程引擎通常與協調有關。有時它們甚至被認為是與編排相對立的。但事實上並非如此。讓我們來探討一下，工作流程引擎是如何在事件驅動的系統中提供幫助的。

工作流程引擎可以訂閱（subscribe）事件，並在特定事件到來時啟動新的流程實體。另外，它們也可以讓現有的流程實體等待事件的發生。舉例來說，假設你想在某個時間段內等待兩個事件的發生，但如果其中一個沒有抵達，你就得採取行動，如圖 8-19 所示。

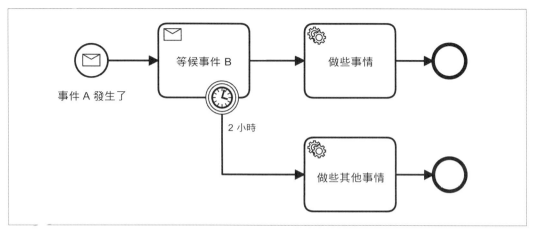

圖 8-19　一個流程可以對事件做出反應

說實話，這種情況也可以用事件串流（event streaming）的方法來實作，這種做法提供的查詢語言（query language）可以考慮到時間窗口（time windows）。然而，不是每個人都有這些技術可以使用。即使如此，用這些陳述性的方法來表達複雜的需求往往比描述一個流程模型更困難。在大多數情況下，你也需要長時間執行的能力。

圖 8-20 展示了現實生活中的一個典型例子。流程模型對事件做出反應，但也會發出命令。它就是兩者都會做。這與前面「協調和編排之間的對比」中給出的協調和編排之定義密切相關，因為該決策不是一個全域性的決定，在很大程度上，是對每個通訊連結的區域性決定。

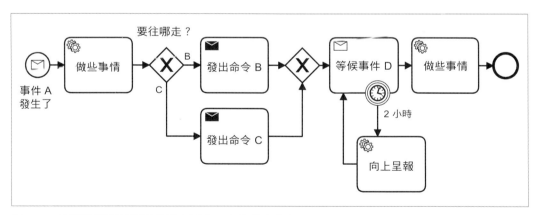

圖 8-20　流程模型可以對事件做出反應，也能發出命令

# 結論

本章探討了事件（events）如何被用來在元件之間進行通訊。你看到了事件鏈可以用來自動化流程，這帶來了一些挑戰。這些可以用命令（commands）更好地解決。

這促成了協調（命令驅動的通訊）和編排（事件驅動的通訊）清晰且精確的現代定義。Orchestration（協調）意味著透過使用命令來協調（coordinating）他人，而Choreography（編排）則與對事件的反應有關。這與通訊協定和技術無關。

你不能在全域層面上決定是使用協調還是編排，而是得在每次元件需要通訊的時候做出選擇。兩者的區別在於依存關係的方向（direction of dependency）以及由此產生的各個元件的責任。無論何種方式，你都會有一些領域耦合（domain coupling），這是無法避免的。

「編排總是導致比協調更少的耦合」並不是真的。雖然在某些情況下這可能是真的，但它也可能導致額外的耦合和分散式單體（distributed monoliths）。這意味著你需要學著平衡兩種溝通風格。

# 第 9 章

# 工作流程引擎與整合挑戰

現代系統的設計方式通常是，元件（components）位於不同的電腦、虛擬機器（virtual machines）或容器（containers）上。連接這些元件需要遠端通訊，這就引入了很多新的挑戰。

本章將介紹如何將工作流程引擎應用於其中的一些挑戰。在此背景下，本章：

- 考察服務呼叫的通訊模式，特別是檢視長時間執行（long-running）的和非同步（asynchronous）的通訊

- 探討一致性（consistency）問題和交易式的保證（transactional guarantees）

- 強調冪等（idempotency）對所有這些工作的重要性。

即使你不打算使用微服務架構，閱讀本章也是有價值的，因為幾乎每個系統都有一些遠端呼叫（remote calls）。即使只是一個簡單的 REST 呼叫，這裡描述的概念也適用。

## 服務調用的通訊模式

當你從流程中調用（invoke）服務時，有不同的通訊模式可能性存在。在我們深入研究非同步通訊之前，讓我們首先看看同步通訊（synchronous communication）。

# 同步的請求與回應

同步請求 / 回應（synchronous request/response）的典型例子是 REST 呼叫。為了在 BPMN 流程模型中呼叫這樣的 REST 呼叫，您需要利用一個服務任務，正如第 3 章中「業務流程模型與記號（BPMN）」所介紹的。流程將在這個服務任務中等待，直到 REST 呼叫回傳一個回應為止，如圖 9-1 所示。

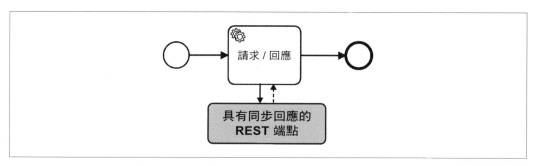

圖 9-1 BPMN 能以服務任務處理同步通訊

這個簡單的服務呼叫可能在幕後隱藏相當多的複雜性。遠端通訊本質上是不可靠的，正如 Peter Deutsch 和 Sun Microsystems 的其他人描述過的分散式運算之謬誤（*https://oreil.ly/1BrI9*）所闡明的那樣。遠端服務可能無法使用，或者反應非常緩慢。這很快就帶來了要使你自己的服務長時間執行的需求，因為你必須等候那些服務變得可用或等待回應的到來。這一點在現實中經常被遺忘，導致了架構的劣化。

為了解釋這一點，讓我們從一個現實生活中的例子開始。我正準備飛往倫敦。當我收到報到邀請時，我去了航空公司的網站，選擇了我的座位，並點擊按鈕來獲取我的登機證。這在背景觸發了一個同步的 REST 呼叫。它給了我下列回應：「我們現在有一些技術上的困難，請在 5 分鐘後再試一次」。

讓我們暫時假設航空公司為這個流程的所有部分使用分別的服務，如圖 9-2 所示。讓我們進一步假設，這些服務透過 REST 呼叫進行通訊。這意味著報到服務（check-in service）將阻斷其執行緒，等待條碼服務（barcode service）的回傳。但是如果條碼服務沒有反應，會發生什麼呢？這裡所勾勒的設計將故障處理交給了客戶端，在此例中就是我。我個人必須進行重試。事實上，當時我不得不等到第二天問題才得到解決，我才拿到登機證。這意味著我必須使用自己的工具（我的行事曆）來續存（persist）重試，以確保我不會忘記。

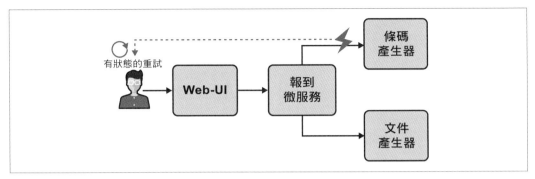

圖 9-2　錯誤通常會被傳播到串鏈中第一個可以處理狀態的服務；在發放登機證的例子中，這就是提出請求的人類。

為什麼航空公司不自己做重試呢？他們知道客戶的聯繫資料，可以在登機證準備好的時候非同步地發送。那不僅方便得多，而且還能減少整體的複雜性，因為需要看到故障的元件數量最小化了。

每當一個服務可以自行解決故障時，它就封裝（encapsulates）了重要的行為。這使得所有客戶的生活變得更加輕鬆，API 也更加簡潔，正如第 7 章已經描述過的那樣。當然，在某些情況下，將錯誤轉交給客戶端處理的行為可能是很好的，但這應該是根據業務需求做出的有意識的決定。

這不是我在現實生活中觀察到的情況。更多的情況是，團隊明白這種故障解決需要狀態處理（state handling），而他們不想引入這種複雜性，正如第 1 章「狂野西部整合」中所討論的。

在登機證的例子中，一個有狀態的重試（stateful retry）應該發生在報到服務中，以把錯誤維持在本地範圍。在此服務中使用一個工作流程引擎是處理該狀態的一個可能的解決方案，同時也用到觸發額外重試的排程能力。正如本書前面所解釋的，狀態將被保存在邏輯上屬於服務的工作流程引擎中。

使服務具有狀態（stateful）有助於使問題保持在本地。雖然重試的行為沒有被植入到 BPMN 語言中，但供應商通常會提供擴充功能，使其易於處理。你最終可能會得到一個非常簡單的流程，如圖 9-3 所示。

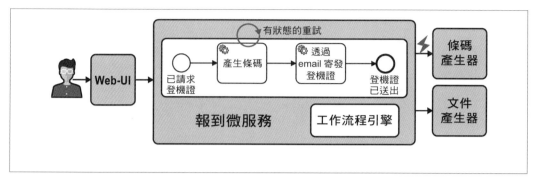

圖 9-3 讓負責的服務處理重試

你可能已經認識到，我在這裡慢慢地引入了非同步性（asynchronicity）。如果對條碼產生器的一個服務呼叫被重試了幾分鐘，報到服務就無法回傳一個同步回應。如果你看一下本書網站（*https://ProcessAutomationBook.com*）上的原始碼，你會發現在這種情況下，報到服務會回傳一個 HTTP 202 狀態碼，這意味著該服務接受了請求，並將在一段時間後處理它。

所以這已經是非同步通訊了，會在下一節描述。在本章的後面，你還會看到，你可能仍然能在你需要的地方保留一個同步的門面（facade）。

## 非同步的請求與回應

非同步通訊指的是非阻斷式通訊（nonblocking communication）；發送請求的服務不會等待回覆，只要發送成功就會很高興。雖然上一節中的 REST 例子可能符合條件，但非同步通訊通常是訊息傳遞系統（messaging systems）的範疇。

訊息傳遞系統可以使系統更加穩健，因為它們消除了時間上的耦合。如果服務需要等候回覆，那麼訊息傳遞系統的 API 就會明確指出，等待那個回覆可能要花一些時間。這就迫使開發者思考，如果在一定的時間範圍內，回應沒有抵達，會發生什麼，通常這對所產生的原始碼是有益的。

基本上，非同步通訊清楚表明，通訊本身可以成為長時間執行（long-running）的。長時間執行？你懂的，這就是工作流程引擎可以幫上忙的地方。

假設你有一個業務需求指出，你的服務需要等待對某個請求的答覆，然後才能真正繼續。該回應可能需要一些時間，並且是非同步交付的。你可以用圖 9-4 所示的 BPMN 流程模型來處理這種情況。

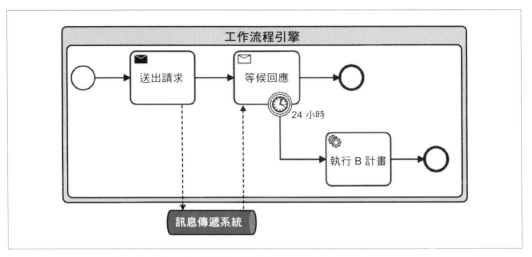

圖 9-4　BPMN 可以處理非同步通訊，並處置逾時情況

這個例子顯示，你可以輕易建立逾時（timeouts）模型來因應延遲（delays）。而有了工作流程引擎，就能夠有不僅是毫秒的等待，而是幾分鐘或幾天的等待。

為了支援非同步通訊，工作流程引擎提供了相關性機制（correlation mechanisms）來尋找正在等候的正確流程實體。假設你發出了一個訊息來取回付款，其中包括一個交易 ID（transaction ID）。當回應抵達時，它也會帶著這個交易 ID，讓工作流程引擎能夠識別等待該回應的流程實體。

就相關性而言，以下規則已經在現實生活中證明了它們是有效的：

* 使用人工的 ID，例如只為該通訊產生的 UUID。當你送出一個支付請求，你就會在客戶端生成一個新的 UUID，並在客戶端做本地儲存（例如，儲存在其流程變數中）。這個 ID 只用於該單一通訊的相關性，這意味著你不會受到任何干擾。

* 不要使用工作流程引擎的 ID，如流程實體 ID。如果你出於營運目的，而需要重啟一個流程實體，它可能會有一個不同的 ID，又或者，你的工作流程引擎供應商可能會改變 ID 的生成方式，而那種方式在你這邊並不奏效。想想使用數值 ID 的那些應用程式，現在得面對 UUID，也就是字串。

- 在使用業務資料時要小心，例如被支付拿去用的訂單 ID。雖然這通常直截了當，而且可以運作得很好，但它有一些風險。舉例來說，如果出於某種原因，你把支付款項分成兩部分，就會有同一個訂單 ID 同時有兩筆付款，而你就沒辦法把這些回應清楚地聯繫起來。

BPMN 還允許你在一個服務任務中結合任務的發送和接收，如圖 9-5 所示。

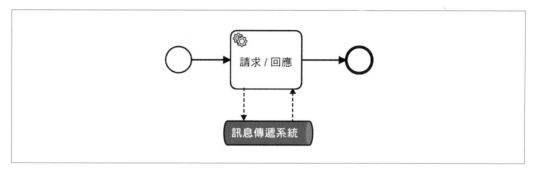

圖 9-5 BPMN 使隱藏在一個簡單的服務任務後面的非同步通訊成為可能

這通常會使流程模型更簡單易懂，從而使與業務利害關係者的溝通更容易。如果你到處使用非同步通訊，還可以消除混亂。

## BPMN 與準備好接收

在 BPMN 中，有一個與傳入訊息的時間點有關的細節，它雖小但可能會產生問題。BPMN 標準以這樣的方式定義了訊息的相關性：一個流程實體需要在訊息到達的確切時間內就準備好接收該特定訊息。因此，嚴格來說，當接收任務（receive task）中沒有特定流程實體的 token 在等待，傳入的訊息就不能被關聯，並會被丟棄。

劇透一下：有些工作流程引擎允許你用定義好的存活時間（time to live）來緩衝傳入的訊息，這讓流程實體有足夠的時間抵達接收任務。

但我們先來探討一下這個問題，看看我經歷的一個真實場景，如圖 9-6 所示。這個問題一開始可能有點令人驚訝。

在這個案例中，流程透過 SOAP 呼叫了某個外部系統。SOAP 的回覆只是確認收到了該請求。真正的回應是透過一個非同步訊息發送的。由於某些原因，解開 SOAP 回應並告知手頭的流程實體所花的時間比回應透過訊息傳遞系統到達的時間還要長。這使得回應訊息被關聯時出現錯誤，因為流程實體還沒有準備好接收它們。這只是幾毫秒的差異，但它導致了異常。

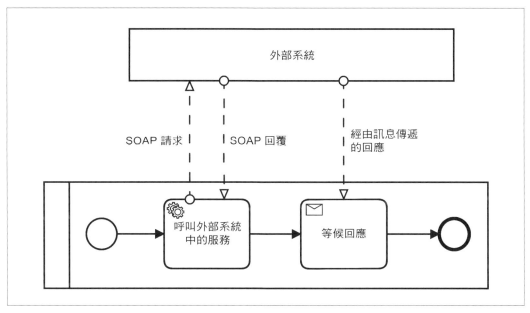

圖 9-6　一個流程必須準備好在回應訊息抵達時接收它

最大的問題在於，沒有人理解這種情況。查看操作工具顯示有一個流程實體在等待訊息，但回應訊息卻導致例外，指出沒有流程實體在等待它們。

我花了一些時間來向該專案中的各個利害關係者解釋這個問題。我只能透過在訊息到達時添加一個 Thread.sleep 指令來說服開發人員相信這種情況正在發生。這段程式碼在實際關聯訊息之前等待了 100 毫秒，從而解決了眼前的問題。最後的解決方案是重試關聯訊息，因為只需要幾毫秒的時間，流程就能準備好接收。如此一來，我們就利用到了訊息傳遞系統的緩衝（buffering）能力。

但這是一個不怎麼令人滿意的解決方案，有幾個原因。首先，它只有在你使用可以緩衝的通訊機制時才有效，例如訊息傳遞；否則，你必須實作一些自製的機制。第二，開發者需要理解這種情況，並了解到在訊息關聯（message correlation）的過程中出現錯誤是一種正常現象。

所以，BPMN 工作流程引擎中的訊息緩衝（message buffering）是一個有用的功能。它可以讓你不用擔心所有的這些骯髒細節。在這個例子中，只要流程實體抵達接收任務，回應訊息就已經被關聯起來。遺憾的是，訊息緩衝是供應商對 BPMN 標準的專有附加功能，所以你需要確認你的供應商是否能夠提供它。只要有它可用，就好好善用吧！

## 聚合訊息

流程模型也能讓我們表達以訊息交換（message exchanges）為中心的更精密的模式，例如 Gregor Hohpe 和 Bobby Woolf（Addison-Wesley）的 *Enterprise Integration Patterns* 書中所描述的 *aggregator*（聚合器，*https://oreil.ly/PxzX3*）：

> 使用一個有狀態的過濾器（stateful filter），即一個 Aggregator，來收集和儲存個別訊息，直到收到一套完整的相關訊息為止。然後，這個 Aggregator 發佈從那些個別訊息中提煉出來的單一訊息。

正如你所猜測的，「有狀態（stateful）」這個詞暗示著工作流程引擎。你能以 BPMN 實作這樣的一個 aggregator，如圖 9-7 所示。

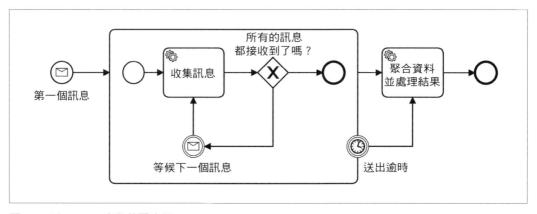

圖 9-7 以 BPMN 實作的聚合器

工作流程引擎為你提供了續存的狀態（persistent state），以及簡單的逾時處理（timeout handling）。當然，這並不限於一般的聚合器。很多時候，你只需要在一個特定的業務場景中收集幾個訊息，如圖 9-8 所示。

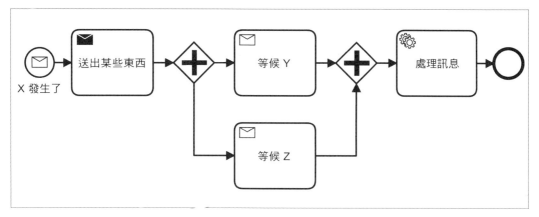

圖 9-8 在一個流程中聚合訊息

請記住，你可能需要有訊息緩衝（message buffering）可用才能安全地執行這些模型，以避免流程實體在正確的時間點上沒有準備好接收。如果你的工作流程引擎不支援此功能，你可以在本書網站（*https://ProcessAutomationBook.com*）上找到一些可能的變通方法。

## 有毒和死掉的訊息

說到非同步通訊和訊息傳遞系統，我不想在沒有先警告你一些情況之下就離開這裡。別誤會我的意思，我是非同步通訊的忠實粉絲，但我也看到很多公司和專案在圍繞著它的複雜問題之上掙扎。

我最喜歡的例子是所謂的*有毒訊息*（*poisoned messages*）。假設你的服務透過訊息傳遞接收新的客戶訂單。但前端有一個臭蟲，把一些破碎的資料放進了該訊息中，使其「中毒」。你的服務在處理該訊息時將拋出例外。

你沒有客戶端可以轉交這個例外，所以訊息傳遞系統必須處理它。預設的做法是重試訊息，這其實沒什麼幫助，只是增加了負載。在所有的重試都用完後，該訊息通常被放入無效信件佇列（dead letter queue，DLQ）。然後現在呢？

即使在今天，大多數工具也沒有提供適當的使用者介面來監控 DLQ、檢視那些訊息，並重新遞送它們。客戶被迫建立自製的訊息醫院（message hospitals）才能處理好這些情況。

但是，即使你有工具，診斷失敗原因也不容易，因為失敗的訊息並沒有提供該資料最初來自何處的多少背景。如果你透過不同的管道接收訂單，並經由幾個服務繞送這些資料，那就需要實際進行一些鑑識（forensic practices）以找到根本問題。

這是使用可執行流程模型，而不是讓資料流經各種佇列的另一個巨大動機，如第 5 章「資料管線與串流」中所述。有了工作流程引擎，一個失敗的流程實體會給你很多背景資訊，例如它是從哪裡開始的，走了什麼路徑，以及附加了什麼資料。

## 隱藏非同步通訊的同步門面

有時，你將被迫為某些客戶端提供同步 API，特別是前端。如果你的架構支援非同步通訊或長時間執行的流程，這將成為一種挑戰。

這個問題的解決方案通常是建立一個提供同步 API 的門面（facade），例如透過 REST。在內部，這個門面需要阻斷（block）並等候非同步提供的回應：

```
try {
  sendRequestToServiceB(correlationId, ...)
  response = waitForResponseFromServiceB(correlationId, timeout)
  // ...
}
catch (timeoutError) {
  // ?
}
```

接收該回應有三種方式：

* 你訂閱會遞送回應訊息的頻道（channel）。

* 你提供一個回呼（callback）API。

* 你定期輪詢（poll），看結果是否可取用。

所有的這些都有取捨，選擇哪種方式取決於你的架構。這些全都有一個共通點，那就是你必須考慮逾時（timeouts）問題，因為你不能永遠等待和阻斷。這也意味著你需要考慮，如果在一定的逾時時間內沒有回應，應該怎麼辦。

我經常看到的一種模式是，當一切正常時同步回傳，一旦出現錯誤，就退回到非同步處理。

舉例來說，在第 9 章「同步的請求與回應」的報到例子中，報到服務只能在一切都順利運作時，才能同步回傳登機證。這可以輕易地用 HTTP 回傳碼 200 來反映，意思是「一切正常，這裡是你的結果」。如果有任何故障導致服務無法即刻建立其結果，你反而要用 HTTP 202 來回應，意思是「知道了，我會再打給你」。然後你再透過電子郵件發送登機證。本書網站（*https://ProcessAutomationBook.com*）上的原始碼包括一個具體的程式碼範例。

當然，切換到非同步回應會影響到使用者體驗。客戶可能無法立刻得到他們的登機證。這是好還是壞？你可以在 13 章的「重新思考業務流程和使用者體驗」中深入探討這個有趣的問題。劇透一下：這是一件好事。「之後成功地收到登機證」不是比「現在就收到錯誤訊息讓你獨自面對問題」要好得多嗎？

# 交易和一致性

讓我們換個角度，考慮一下分散式系統中交易（transactions）的挑戰。要做到這一點，我們將再次看一下新客戶申辦的例子。

請記住，我們需要將客戶安插到 CRM 和計費系統中。在一個單體應用程式中，你只需在同一個資料庫中設置不同的資料表，這樣你就可以在一次交易中做到這件事，如圖 9-9 所示。資料庫提供 ACID 保證：交易是原子（atomic）的、一致（consistent）的、隔離（isolated）的和耐久（durable）的。如果客戶由於某種原因無法被添加到計費資料表中，例如有重複或無效的值，資料庫可以單純復原（roll back）交易。這使得客戶在 CRM 系統中也是不存在的。因此，ACID 交易保證了邊界內的一致性，單體可以利用這一點來將複雜性分擔到交易層（transaction layer）處理。

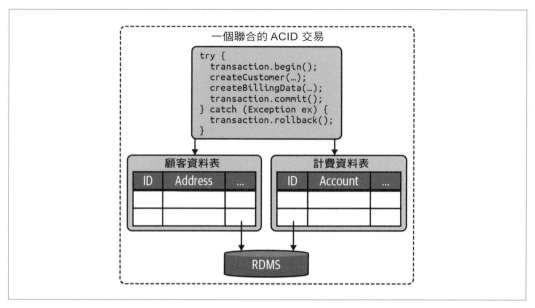

圖 9-9 ACID 交易確保了邊界內的一致性

若有兩個共時（concurrent）的執行緒試圖寫入相同的資料，資料庫會保證隔離性，這可以透過樂觀鎖定（optimistic locking）或悲觀鎖定（pessimistic locking）來實作。這會導致一個執行緒勝出，而另一個執行緒得到一個例外。失敗的事務會自動復原，因為資料庫操作是原子性的，意味著所有的操作要麼全都完成，要麼都沒有做。

這種架構使得實作原子操作、隔離不同的執行緒以及保證資料的一致性變得非常容易。業務邏輯可以將大量的複雜性分擔到資料庫的交易層。

但為了做到這一點，要求所有的資料都在同一個資料庫中，而且應用程式要使用一個聯合的資料庫連接。這只在單體中是實際的，在分散式系統中是不切實際的。

在新申辦的例子中，CRM 和計費更可能是兩個分別的服務。申辦服務透過遠端通訊取用它們。現在每個服務都可能有自己的 ACID 交易，但沒有一個聯合的交易，如圖 9-10 所示。

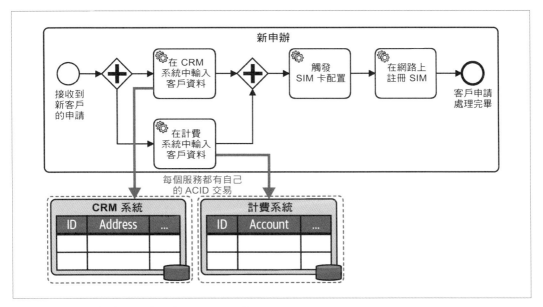

圖 9-10 如果跨越邊界，就不能做 ACID 交易了

因此，可能會發生這樣的情況：有客戶存在於 CRM 系統中，即使他們還沒有在計費系統中被創建。這違反了 ACID 的隔離特性，因為一些外部執行緒（或人類）可能已經能夠看到這種狀態。此外，你必須考慮當你在計費中遇到問題時該怎麼辦，因為你不能復原 CRM 系統，這意味著該條目仍將留在那裡。

這樣的挑戰在現代系統中是很典型的，有幾個原因：

- 元件越來越分散。而且，即使有提供分散式 ACID 交易的技術，像是被稱為 XA 的雙階段提交協定（two-phase commit protocol），這些技術要麼非常昂貴，要麼非常複雜，或是超級脆弱。所以，正常的專案應該假設，涉及到遠端通訊時，ACID 交易是不可能的。

- 不同的資源，如安裝有多個實體資料庫或像訊息傳遞那樣的中介軟體，往往不能聯合一個共通的 ACID 交易。

- 活動變得長時間執行，因為你必須等待非同步回應或人類。而資料庫中的 ACID 交易不能保持開放；這不僅會導致鎖死（deadlocks），還會導致交易逾時。

- 活動變得過於複雜，無法在一個大型交易中處理。

總之，現代架構中的工作越來越常被分解成多個任務，而這些任務並沒有組合在單一個 ACID 交易中，如圖 9-11 所示。這需要一種新的方式來處理業務層面上的一致性。

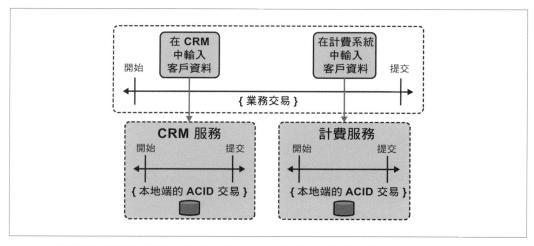

圖 9-11 業務交易需要跨越邊界；技術上的 ACID 交易只能在邊界內發生

為了處理這種新常態，你必須。

- 削弱你預期的一致性，因為在業務交易的執行期間，並非所有的任務都是相互隔離的。

- 確保一旦開始了，一個業務交易的所有任務要麼被執行，要麼被復原。

我們將在接下來的章節中深入探討這到底意味著什麼。

## 最終的一致性

讓我們來回顧一下。傳統的交易將不同的客戶相互隔離。在被提交（committed）之前，沒有人可以看到別人所做的修改（準確地說，大多數資料庫允許你用所謂的隔離等級來配置這個）。對於分散在多個遠端服務中的任務，你沒有相同的隔離等級（isolation level）。

這意味著，在中間步驟中做出的改變將立即被世界看到。在我們的例子中，客戶在 CRM 系統中已經可被看見，即使他們還沒有進到計費系統中。這違反了客戶總是存在於 CRM 以及計費統中，永遠不會只存在於一個系統中的不變性（invariant）。所以這種狀態被認為是不一致的。

現在重要的是要意識到這些暫時的不一致是可能的。你還必須了解它們可能導致的失敗情況。在這個例子中，你可能在有客戶已經存在於 CRM 系統中，但還沒有進入到計費系統的時候，建立了一個行銷活動，所以他們也被列入了這個名單。然後，即使他們的訂單被拒絕，而且他們也從未成為活躍的客戶，他們依然可能收到升級廣告。

一個具有正確系統邊界的好設計需要確保中間步驟在外部世界中不是「有害的」，或是不讓不一致的訊息過早出現。或者至少，你需要了解這種情況發生的後果。

此外，你還得考慮到解決不一致的策略。最終一致性（*eventual consistency*）這個詞表明，你需要採取措施，以便最終回到一致的狀態。在新申辦的例子中，這可能意味著你需要在 CRM 系統中停用客戶，如果把他們添加到計費系統中失敗的話。這就產生了一致的狀態，即客戶在任何系統中都不可見了。我們將在下一節中更詳細地研究這些策略。

## 處理不一致性的商業策略

如果發生一致性問題，有三種基本策略可用：你可以忽略它、道歉，或者解決它。正確策略的選擇顯然是一種業務決策，因為它們沒有一個是對的或錯的，只是或多或少地適合手頭的情況。你應該始終考慮成本與價值比（cost/value ratio）。讓我們仔細看看這三種選項。

### 忽視不一致

雖然考慮選擇忽略一致性問題，聽起來很奇怪，但它實際上可以是一個有效的策略。這是關於不一致性可能產生的業務影響有多大的一個問題。

在新申辦的例子中，我們可能決定 CRM 系統中的一個死掉的條目（dead entry）不是問題，所以我們就把它留在那裡。當然，後果是一些報告可能會顯示不正確的資料（包括不存在的客戶），而行銷活動可能會不斷碰到被拒絕的客戶。但是，企業仍然可能決定這些影響可以被忽略，因為在實際情況下，這種情況很少發生（例如，每月一次）。有時，影響程度會隨著時間的推移而堆積起來，並需要在以後進行調節工作以恢復一致性。

請注意，我並不是在建議你忽略一致性問題。只是很明顯，忽略不一致性是一個相當容易實作的策略，在某些情況下，節省開發工作和承擔一些不一致性可能是一個有效的商業決定。

圖形化的流程模型可能有助於這一決策，因為它們可以將可能的場景視覺化，幫助你看到任務和它們的順序以及可能發生失敗的地方。

## 道歉

第二個策略是道歉（apologize）。這是忽略策略的一個延伸。你不試圖阻止不一致，但你要確保它們的影響被發現時，你要道歉。

舉例來說，我們可以決定忽略 SIM 註冊的失敗，而只是等待客戶的投訴。當他們打電話來時，我們就道歉，給他們發一張 10 美元的抵用券，然後手動觸發註冊。

顯然，這不是一個很好的例子，但在有些情況下，道歉是一個好的策略。同樣地，這往往是關於成本與價值比的問題；在 98% 的情況下，沒有一致性控制的執行可能要便宜得多，並接受幾次昂貴的道歉成本。這有點像航空公司超賣機位的情況。

## 解決不一致性

第三種策略是正面處理這個問題，積極解決不一致性。這可以透過不同的手段來完成，例如前面提到的調節作業（reconciliation jobs）。調節作業通常作為批次作業（batch job）執行，其缺點在第 5 章的「批次處理」中有描述。

下面幾節介紹了另外兩種策略，可以在實體層面上解決不一致的問題，而不需要等待任何批次處理執行：Saga 模式和 outbox 模式。

 決定哪個策略最適合解決一致性問題是一種商業決策。它通常與流程的規模和業務價值，以及潛在的不一致性之業務影響有關。這個決定需要業務利害關係者的參與，不能由 IT 部門單獨做出。像 BPMN 所提供的可見性將能幫助你。

# Saga 模式與補償

Saga 模式描述分散式系統中長時間執行的交易（long-running transactions）。其主要思想很簡單：當你不能復原（roll back）任務時，你就撤銷（undo）它們。Saga 這個名稱可以追溯到 1980 年代寫的一篇關於資料庫中長壽交易（long-lived transactions）的論文（*https://oreil.ly/Bu0iT*）。

BPMN 透過補償事件（*compensation events*）支援這一點，它可以將任務與它們的撤銷任務（undo tasks）聯繫起來。圖 9-12 顯示了新申辦範例中的這一點，鑑於錯誤可能在任何時候發生，所有受影響的任務都需要適當清理。工作流程引擎將確保所有必要的撤銷動作都有被執行。

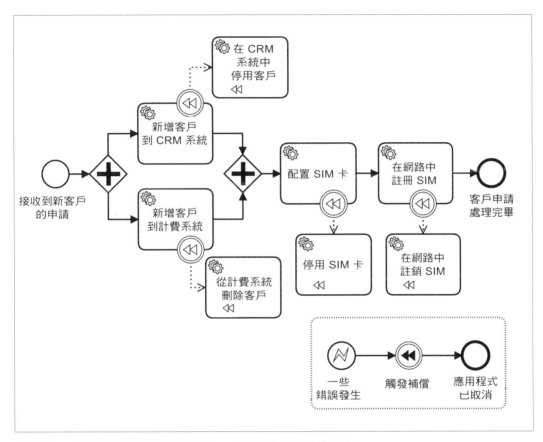

圖 9-12　一個由 BPMN 流程實作的 Saga：已經定義了補償任務

這樣的撤銷（undo）並不一定意味著完全復原（rollback）。SIM 卡可能已經寄送給你的客戶了，所以你只能停用它。補償可能涉及多個任務，例如也要通知客戶。

補償邏輯將使你的流程模型更加複雜。這是不可避免的，也是現實生活的寫照：如果沒有 ACID 特性，商業交易會變得更加複雜，因為復原基本上被移到了應用程式的層面。

當然，你不一定需要一個工作流程引擎來實作 Saga 模式。正如第 5 章「其他實作選項的限制」中所指出的，總是有其他實作方案存在。但工作流程引擎是有很大幫助的，原因有以下幾點。首先，在遠端通訊場景中，你通常需要引擎的長時間執行能力。其次，對業務交易的討論或解決不一致性的任何策略都可以從圖形化流程模型所提供的可見性中獲益。

## 使用 Outbox 模式來串聯資源

另一個有趣的模式是 outbox 模式。假設你建立了一個服務，執行一些業務邏輯，將結果續存在一個關聯式資料庫中，然後在事件匯流排上發送一個事件。正如本章前面所解釋的，你不能對兩個用到不同資源（在此為資料庫和事件匯流排）的任務使用 ACID 交易。但重要的是，整個流程是原子性的，也就是說，要麼業務邏輯已經完成且事件已經發送，要麼兩者都沒有發生。

如圖 9-13 所示的 outbox 模式可以解決這個問題。在這種模式的典型實作中，服務將需要發佈的事件寫到領域資料所在的同一個關聯式資料庫中的一個單獨的資料表中，這個表被稱為 *outbox*。在同一個資料庫中有一個資料表能讓服務利用資料庫的 ACID 交易，所以業務邏輯結果的續存和事件的寫入是原子性的。只有在資料庫交易成功後，才會使用某種排程機制實際發佈事件。這個排程器將發送事件並從 outbox 表中刪除它。

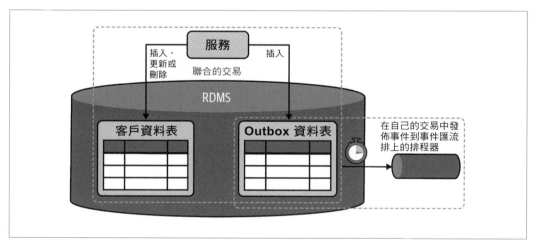

圖 9-13 outbox 模式能讓一致性提升到 at-least-once（至少一次）的水準

這裡有兩個重要的特徵需要認識。首先，outbox 保證了事件肯定會被發送，但它可能會在以後的時間點發生（你又認出最終的一致性了嗎？）第二，在某些故障情境之下，事件有可能被發佈兩次，舉例來說，如果排程器讀取了 outbox 的資料表條目，在匯流排上發佈了事件，但在提交對 outbox 資料表的變更之前就當掉了。這種交易語意被稱為 *at-least-once*（至少一次），因為該設計確保事件肯定至少被發送過一次，但有可能因為故障情況而被多次發送。

實作 outbox 模式，如圖 9-13 所示，涉及到一個資料表、一個排程機制，很多時候還要一些額外的監控能力。你可能已經注意到，這聽起來有點像我們在第 1 章討論過的「狂野西部整合」。

你也可以利用一個工作流程引擎。在這種情況下，你根本不需要一個單獨的 outbox 表。取而代之，你在一個流程模型中以不可分割的方式（atomic fashion）表達需要執行的所有任務，如圖 9-14 所示。

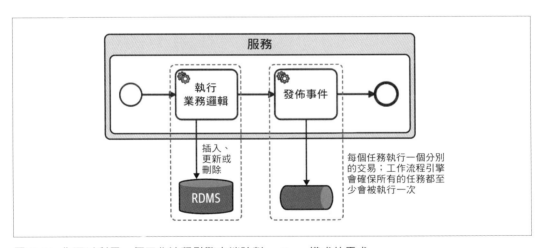

圖 9-14 你可以利用一個工作流程引擎來消除對 outbox 模式的需求

工作流程引擎將負責兩項任務的執行。首先，業務邏輯將被執行並提交結果。只有當這成功時，事件才會在第二個任務中被發佈到事件匯流排上。如果有什麼東西在這個時間點當掉了，工作流程引擎將會有續存的狀態，記住該業務邏輯已經完成，而該事件仍然需要被發佈。簡而言之：工作流程引擎將在正確的任務中重新開始。這就構成了所有任務至少一次的語意，與描述 outbox 表時所提及的相同。

總而言之，你可以將所有需要以原子方式執行的任務表達為流程模型中的任務。當然，也可以有兩個以上的任務；工作流程引擎將確保所有的這些任務最終都會被執行。不需要實作特定的基礎設施，像是 outbox 表或排程器來使 outbox 運作。同時，你還可以運用工作流程工具的監控和操作能力。

# 套用到每種遠端通訊形式之上的最終一致性

在過去，有人試圖將遠端通訊的實際細節隱藏在框架（frameworks）後面。舉例來說，在你的原始程式碼中，REST 呼叫很可能看起來幾乎跟一個本地方法呼叫（local method call）一樣。開發者得到的印象是他們馬上就能得到一個結果，可以直接在下一行程式碼中使用。這可以使開發者忘卻分散式系統的複雜性。

讓我們從一個簡單的 REST 呼叫開始，檢視一個簡短的例子，以突顯潛在的問題。再次想像一個支付服務，它可以作為支付流程的一部分向信用卡收費。要做到這一點，該服務需要透過 REST API 呼叫信用卡服務。

現在假設這個 REST 呼叫產生了一個網路例外。沒有辦法知道網路問題是在向信用卡服務發送請求時，還是在取得回應時發生的。甚至有可能是信用卡服務在處理請求時當掉了。換句話說：你不知道信用卡剛剛是否被扣款。

你需要決定一個策略來處理這個問題。在這種情況下，你很可能不想忽略這個問題。取而代之，你要確保系統處於前後一致的狀態。有多種可能性來達成這一點。也許檢查是否收了費，以確定是否需要進行清理（cleanup）工作。或者你可以利用信用卡服務提供的清理 API。或者你可以取消收費，並忽略指出這個收費不存在的任何錯誤。具體的實作取決於信用卡服務的 API，但很重要的是這個問題有被處理。圖 9-15 顯示了一個可能的流程模型，用在信用卡收費失敗時進行清理。這個例子很好地說明了，你在第一次遠端呼叫時就進入了最終一致性（eventual consistency）的世界。這要求你考慮後果和業務策略以解決不一致性的問題，正如本章所討論的那樣。

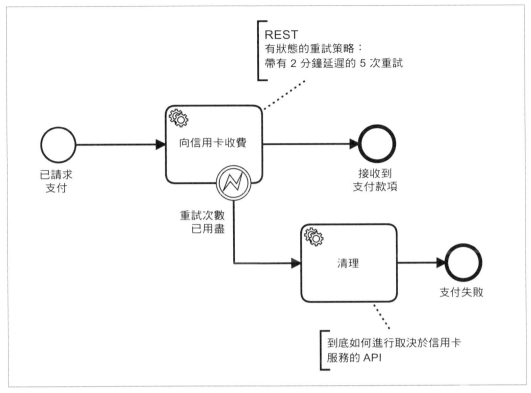

**REST**
有狀態的重試策略：
帶有 2 分鐘延遲的 5 次重試

已請求
支付

向信用卡收費

接收到
支付款項

重試次數
已用盡

清理

支付失敗

到底如何進行取決於信用卡
服務的 API

圖 9-15　即使在網路錯誤的情況下，你可能已經觸發了業務邏輯，所以你可能需要恢復一致性

# 冪等（Idempotency）的重要性

本章談到了 at-least-once 語意和重試（retrying）。在此情境中，你還需要學習冪等（*idempotency*）。Wikipedia（*https://en.wikipedia.org/wiki/Idempotence*）將冪等運算（idempotent operations）定義為「可以多次套用而不改變最初套用結果的運算」。

更簡單地說，這意味著如果一個運算被重複呼叫，也不構成問題。而重複呼叫在分散式系統中是不可避免的。我們已經研究過了同步 API 的刻意重試（deliberate retries），我們也討論了訊息的重新遞送（redelivery）。這些都是處理本質上不可靠的遠端通訊的重要策略。換句話說：你不可能避免這些重試。

重試總是遲早會導致重複的呼叫。這就是為什麼你必須為你對外遠端開放的每一個運算考慮到冪等性。

有些運算本質上就是冪等的。查詢（queries）不會導致副作用（side effects）產生，因此很容易重試。請注意，冪等性並不意味著結果必須是完全相同的。一個查詢可能在幾秒鐘後回傳不同的結果，因為系統的狀態可能已經改變。

刪除（deletions）通常也是冪等的，因為你根本無法再次刪除同一個實體（entity）。但回應可能是不同的：重試的結果可能不是確認刪除，而是回報錯誤指出，找不到該實體。

其他的運算從本質上來說並不是冪等的，例如向信用卡收費。在這種情況下，一個典型的策略是在客戶端生成唯一的 ID，並將其交給信用卡收費服務。然後，如果該服務有自己的狀態來記憶呼叫，就能夠檢測到重複的情況。無狀態的服務面臨著挑戰，因為你可能要為重複的檢測引入專門的狀態。

建議不要仰賴業務有效負載（business payload）來檢測重複。如果在幾毫秒內有兩筆信用卡費用是對同一張卡進行相同金額的收費，這很可能是一次重試，但你永遠無法確定。也許有人在完全相同的時間點預訂了兩張價格完全相同的機票。

 每當你為一個服務設計 API，請確保它被設計為支援冪等性的。如果服務不提供這一點，客戶就無法修復它。其結果是，你必須猜測哪些呼叫可能是重複的，這可能導致很多問題。

一個好的工作流程引擎也提供冪等運算，這樣你就可以確保對於給定的鍵值（key），你只啟動一個新的流程實體。其他運算，例如完成一項任務或關聯一個訊息，本質上就是冪等的。如果一個流程實體在該流程中推進了，你就不能再次完成同樣的任務。而且，即使你的模型裡有迴圈，並再次抵達同一個任務，它也會被工作流程引擎分配一個不同的實體 ID。儘管這聽起來很簡單，但重要的是，在你設計任何 API 時都要記住冪等性，並將其考慮在內。

# 結論

工作流程引擎可以幫助開發者解決圍繞著分散式系統和遠端通訊的挑戰。

本章描述了 BPMN 可以如何被用來幫忙典型的通訊或訊息交換模式。它進一步展示了如何利用自動化流程來恢復一致性或實作 Saga 或 outbox 模式，它還強調了冪等（idempotency）的重要性。

本章介紹的工作流程引擎的用例比典型的業務流程自動化專案之規模還要小，但還是顯示了使用流程自動化技術的有效理由。

# 第 10 章

# 業務與 IT 的協作

在每個 IT 專案中，不同的角色都需要協作（collaborate）。協作是專案中最關鍵的面向。它影響到開發工作、所產生的品質和產出價值的時間。簡而言之，它是成功的關鍵因素。但正如 Wikipedia 上關於業務與 IT 密切合作的條目（*https://oreil.ly/XFJkK*）所指出的：

> 由於目標、文化和激勵措施的不同，以及群體間對彼此知識體系（body of knowledge）的相對無知，IT 和業務專業人士往往無法彌合他們之間的差距。這種裂痕通常會導致昂貴的 IT 系統無法提供足夠的投資回報。

本章將深入探討協作的問題。它：

- 描述了一個典型的專案和所涉及的角色，以建立一個共通的理解和詞彙表

- 展示視覺化模型如何幫助改善協作，不僅是業務和 IT 之間的協作，還有 IT 與 IT 之間的協作

- 提供了一些關於創建流程模型的指引，這些模型可以讓不同的利害關係者更能理解

## 一個典型的專案

讓我們回到第 1 章「一個想像的商業場景」中介紹的假想的 ShipByButton（SBB）公司專案。假設 SBB 公司在四年前開始有了這個想法，並建立了一個快速拼湊出來（quick-and-dirty）的 PHP 應用程式（注意，就算這是一家有百年歷史的保險公司，並使用一個大型主機單體，那麼這個故事的大部分也不會有太大的差別）。這個 PHP 應用程式一開始推出到市場上時，為公司提供了很好的服務，但很快就出現了問題：它無法適應不斷

增長的用戶數量，很難對程式碼進行任何修改，而且它抗拒著被分解成可以由不同團隊維護的較小部分。這意味著該公司無法擴大其開發力量。

因此，Charlie，也就是 SBB 的 CEO，宣佈了一個大型專案，要從頭開始重新撰寫整個訂單履行（order fulfillment）流程。考慮採用微服務架構，以將邏輯分配到更小的組成部分中，使其協同工作。

作為第一步，庫存（inventory）和出貨（shipment）的微服務被定義，而來自 PHP 單體的邏輯被重構到這些服務中。與硬體按鈕的通訊幾乎沒有被觸及，因為這些裝置已經被廣泛地分發給現有的客戶，所以這仍然是 PHP。

Charlie 希望你成為訂單履行服務的專案負責人，這是公司的核心與靈魂。這聽起來既刺激又可怕，但你決定冒這個險，直接跳進去。

你做的第一件事是打電話給 Ash，一名很厲害的業務分析師，也是你在公司最老的盟友之一。你們一起開始在公司內部來回走動。首先，你們拜訪了感覺好像數不盡的 PHP 開發人員，因為你必須做一些重要的考古工作來找出當前系統是如何處理訂單的。當然，你有先看了相關的 wiki 說明文件，但發現它已經相當過時了。大多數開發人員都很高興能協助你完成這個改善專案，並帶你詳細了解他們所知道的情況。遺憾的是，他們經常將現有的實作細節與對未來一廂情願的想法混為一談。值得慶幸的是，有 Ash 和你在一起，而且他有讓人們回到正軌的經驗。經過漫長的一天，你不僅有了頭痛，而且還有了第一個流程模型。你刻意在建模工具的草圖模式（sketchy mode）下列印它，你知道這將使它更容易討論，因為人們往往會對看起來未完成的東西提出較少的反對意見。結果如圖 10-1 所示。

第二天，你和 Ash 去找 Reese，他是營收（revenue）的負責人，因此對訂單的履行有很大興趣。你帶著他們兩個人詳細閱讀了流程模型，他們對這個模型非常感興趣。Reese 指出了重要的里程碑，以及該流程的目標和 KPI（key performance indicators）。總而言之，你的工作進展順利，並在午餐時花了一些時間感謝這本書教導你流程自動化和 BPMN。

吃飽喝足後，你走近庫存團隊，詢問你如何能與他們的服務整合。使用這個流程模型，你可以很容易地向他們展示你想從庫存中擷取商品的地方，還可以解釋為什麼你不需要提前儲備貨物。他們給了你一個 wiki 頁面，其中包含要如何呼叫他們服務的精確資訊。棒極了！

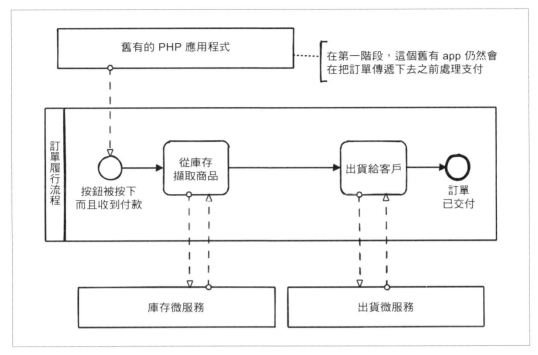

圖 10-1　你流程的第一個草圖

你覺得現在該是時候開始了。你記得你同事 Ariel 提到了一個他們很感興趣的流程自動化供應商。你馬上打了電話給他們，討論你們的專案和環境。你了解到這個供應商執行 BPMN 模型，鑒於這種模型到目前為止都運作得很好，你覺得那是不可或缺的。最後，你確信這是一個好辦法。你找到 Charlie，要求進行概念驗證，而大家都同意參與。

兩週後，供應商的顧問 Dani 與你們的一名開發人員 Kai 結對搭配。你們三個人基本上把自己關在一個房間裡，實作這個流程模型。你們迅速設置了一個開發專案並新增了此流程模型。你撰寫一些膠接程式碼來呼叫其他的微服務。你還寫了一個 API，可以從跟硬體按鈕交談的 PHP 應用程式中調用。你甚至為這全體寫了一些單元測試。在第二天結束的時候，你們就能夠處理一筆真正的訂單了！你興致勃勃地計畫讓這個探索性嘗試開始實際運轉，並向它發送每筆真實訂單的副本。這樣你就可以輕易驗證它是否能處理你的負載。

你快速檢查了部署這樣一個應用程式的需求，並高興地了解到，你們公司偏好雲端優先的做法，這能讓你輕鬆執行一些容器（containers）。為此，你要求 Kai 建立一個 CI/CD 管線，在每次對流程或其周圍的程式碼進行修改時，建置出 Docker 映像（images）。

但你開始有點擔心了，因為這個專案涉及到你公司的核心業務流程。你自問：若有一個流程實體被卡住了怎麼辦？如果某些服務，像是庫存服務，無法使用怎麼辦？如果客戶詢問他們的訂單狀態怎麼辦？

你安排了與 Georgie 的午餐，他是舊有的 PHP 應用程式的營運主管。你想了解它目前是如何營運的。Georgie 告訴了你有搜刮日誌檔、尋找例外、直接查看資料庫，以及猜測潛在的修復方法。結果發現他們有一個 wiki 頁面，列出了常見問題和相關的解決方法。對於 wiki 上沒有的東西，他們會開一張單據，讓開發人員去查。對於 Georgie 看起來相當疲憊，你並不感到驚訝。你迅速拿起你的平板電腦，給他們看你工作流程供應商的操作工具。你準備了一些失敗的流程實體，以便於說明。你解釋了如何自動通知營運部門、他們如何理解流程模型，以及他們如何採取行動。Georgie 主動為你的午餐買了單。

幾天後，你成功地讓 Reese 參加了一個會議（記住，Reese 是負責營收的人）。你向他們展示了實驗案例，但看的是餵入真實資料的分析工具。圖 10-2 顯示了分析工具背景下的可執行模型。

Reese 很興奮，當場鑽研了其中的一些資訊，發現當從庫存中取貨需要 6 個小時以上時，訂單取消率高得不成比例。掌握了這些資訊後，Reese 想和庫存團隊一起解決這個問題，並對更換舊有系統感到興奮。

在接下來的兩週裡，你設法把所有缺少的實務細節開發了出來、提高了測試覆蓋率，連接了通知和監控系統，並把一切都部署在為生產流量服務且可彈性擴充的雲端基礎設施上。每個人都愛你，世界是多麼的美好。

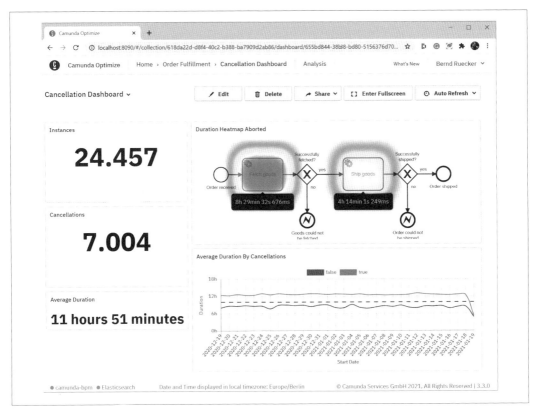

圖 10-2　顯示真實資料的可執行流程模型

# 故事的寓意

這個故事清楚顯示圖形化流程模型如何促進不同利害關係者之間的合作。

專案負責人（你）喜歡整個專案的快速進展，而且誤解也減少了。即使流程建模意味著在早期階段要付出更多的努力，例如討論模型，但實作過程中可以節省那些心力，因為需求很清楚。縱觀整個生命週期，你也可以想像，未來的變化將更容易納入，而不需要更多的考古會議。

業務分析員（Ash）喜歡讓大家談論同一個模型，這也有利於共通語言的形成。流程模型對收集、討論和記錄需求有很大的幫助，而使用 BPMN 則可以確保這些需求是清晰且連貫的。

開發人員（Dani、Kai）喜歡的地方在於，可以輕易把流程模型作為正常開發專案的一部分來執行。他們可以在他們熟悉的技術堆疊中開發，使用他們最有生產力的最佳實務做法。視覺化的模型幫助他們直觀地理解流程，甚至可能幫助他們瀏覽他們的資源。他們看到了活生生的說明文件之優勢，回想起過去沒有人知道某些東西是如何實作的那時的問題。

營運或基礎設施人員（Georgie）喜歡的地方是，他們能夠了解事件發生的地方，問題對於他們的可見性，以及他們可以輕鬆地解決這些問題。即使在他們無法提供幫助的情況下，他們也可以輕易分享能顯示出問題及其情境的深度連結，這使得事故的處理變得更加容易。

而管理階層（Charlie、Reese）則喜歡這個專案的順利執行，所產生的流程確實有效，而且每個人都參與其中。當然，他們也熱愛這樣的一個事實，即他們現在可以監控很多 KPI，這些指標不僅能讓他們評估當前的效能，而且還可以分析瓶頸所在。

我承認這個故事有點理想化，但也並非不現實。我曾見過許多專案是在這樣的情節下展開的。

## 包括所有的人：BizDevOps

讓我們更詳細討論一下流程自動化工具的價值，現在看看業務（business）、開發（development）和營運（operations）之間的協作，簡稱 BizDevOps，如圖 10-3 所示。

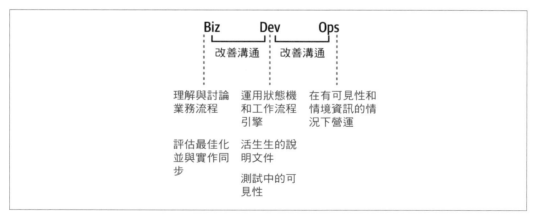

圖 10-3 視覺化流程模型促進了業務、開發和營運的協作

## 開發

開發人員可以利用圖形化的模型與其他開發人員就當前的專案進行交流,或者作為一種視覺輔助工具,幫助他們記住一年前做過什麼。可執行的流程模型是活的說明文件,當流程改變,它們不會過時,不同於其他與程式碼脫節的任何示意圖。即使是最嚴謹的開發程序也無法避免一些情況,即推出了緊急修復,但遺忘了說明文件。

圖 10-4 是一個很好的例子,說明了這對開發人員的價值。它是一個測試結果的圖形化表示,顯示了為單一個測試案例所執行的確切場景。

要新增到 CI/CD 管線時,這就很方便,因為這意味著開發人員可以立即識別出一個失敗的流程測試在哪裡有問題,以及哪條路徑導致了這種情況。

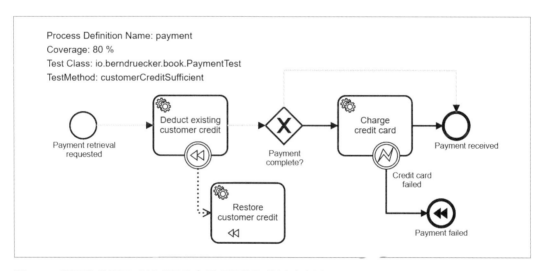

圖 10-4　圖形化模型可以幫助開發人員理解失敗的測試案例

## 業務

可見性也是與業務分析師和其他業務利害關係者(如專案贊助者、業務部門、管理階層或專案負責人)進行更好溝通的關鍵因素。

一個令人驚訝的觀察是,使用流程模型的專案經常在第一個分析階段回報工作量激增。難道模型不應該幫助減少工作嗎?

因為圖形化的模型很容易被一大群人理解，所以專案經常在過程中的相對早期發現流程設計的不清晰或有問題。這就需要進行另一輪的討論，花費一些額外的時間。這並不是分析上的癱瘓，而是改善了模型，為專案的後期階段節省了很多麻煩。所以，在開始時對一個更好的模型之投資在實作的過程中得到了回報。

說到這裡，你可能會想起軟體開發的瀑布式方法（waterfall approach），即在開始開發之前，你試圖在專案的最初就找出確切的需求。這在大多數情況下都是很不成功的。當然，這並不是我在寫上一段時的想法。敏捷開發方法（agile development approaches），即以漸進增量的方式開發軟體並允許沿途學習，被證明是更成功的，也應該套用在流程自動化專案上。

但我想強調的是，Agile（敏捷）並不意味著「無分析」。你不應該一開始就想做出什麼大進展，因為這很少會導致正確的結果。比較好的策略是取中間地帶，在那裡你對大局有一個粗略的了解，但對下一個增量（increment）進行詳細的分析。

業務角色受益於模型是活的說明文件。每當你需要將新的需求套用於已經推出的流程時，你就有地方可以去，只要查看現有的模型就行了。如果你的工具允許，你可以把這個永遠最新（always-up-to-date）的模型嵌入到像 Confluence 這樣的 wiki 中。然後，每個人都可以輕易指出要在哪裡做某種改變，沒有人需要做考古來了解現狀。

另一個好處是，工作流程引擎會寫入大量的稽核資料。這可以在圖形模型中以疊加的方式視覺化，如圖 10-5 所示。這是分析和討論瓶頸、下一次反覆修訂或可能的改善的一個很好的基礎。

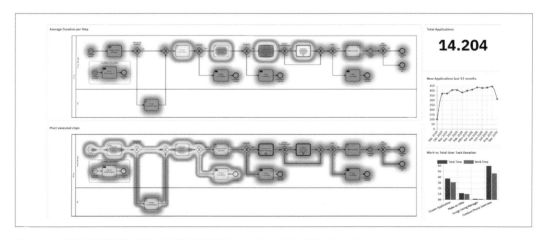

圖 10-5　圖形化模型為業務分析師提供了洞察力，使流程得到改善

# 營運

營運（operations），通常也被稱為基礎設施（infrastructure），在談論業務與 IT 的合作時常常被遺忘。這些人做了一項非常重要的工作：他們確保一切在生產環境中都順利執行。只要有問題，就必須有人去識別並解決它。

很多時候，營運人員需要根據日誌檔（log files）和資料庫中的資料來工作。這限制了他們了解整個流程的能力，或自行解決問題的能力。那麼，解決事故的唯一方式就是讓那些對應用程式瞭若指掌的開發人員參與進來。

使用流程的圖形視覺化有助於操作人員在情境脈絡之下檢視事故，這包括流程模型、歷史資訊、附加到流程實體的資料，以及關於錯誤或例外的詳細資訊。圖 10-6 顯示了一個例子。

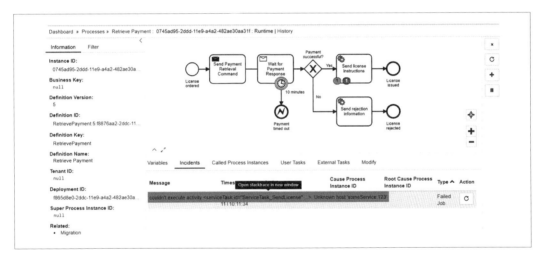

圖 10-6　圖形化模型幫助技術操作人員

工作流程工具允許操作人員輕鬆地修復某些情況。例如，他們可以在服務暫時故障而中斷的情況結束後觸發重試，可能是同時為數千個流程實體重試，或者使用圖形化使用者介面修復某個流程實體損壞的資料。

你的公司可能擁護 DevOps，或者可能正試圖透過推動雲端或無伺服器環境來減少營運工作量。在這種情況下，用針對更多人的工具來減輕營運的負擔就更加重要了，因為這可以讓你團隊中的每個人都能檢測、分析和修復某些問題，而不需要成為原始碼某些部分的專家才有辦法。

總之，工作流程工具可以減緩開發人員的工作量，將業務利害關係者納入 IT 專案，並使操作人員更能做好他們的工作。

## 流程自動化的生命週期

這是談論流程自動化生命週期（process automation life cycle）的好地方，如圖 10-7 所視覺化的。該圖指出了視覺化流程模型在生命週期各個階段的價值。

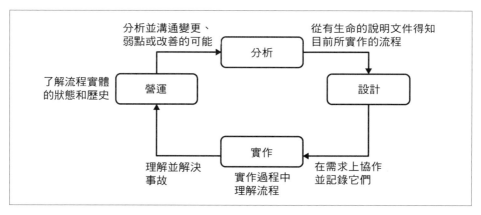

圖 10-7 專案或開發的反覆修訂的不同階段中可見性的價值

在一個典型的專案中，有四個階段：首先你分析你需要做什麼，然後你設計一個能支援該目標的流程，然後在你（在生產環境中）操作它之前實作它（包括部署）。這將產生你在設計和實作改善措施之前會先進行分析的新見解，然後再進行操作。以此類推。這是一個典型的 PDCA 循環（Plan、Do、Check、Act）。

同樣，這個生命週期並不是指瀑布式的開發方法，在那種做法中，你得經過幾個月的分析才能開始實作整個應用程式。相反的，在更 Agile 的軟體開發方法中，並不是一次完成的漫長過程，而是期望每次反覆修訂（iteration）和增量都能經歷相同的這種生命週期。舉例來說，在 Scrum（一種著名的 Agile 開發方法）中，你可能會為下一個衝刺階段進行分析和設計，在為期兩週的衝刺階段進行實作，並在之後立即投入生產；然後你直接進入下一個衝刺階段。

你到處都能看到這樣的生命週期圖片，事實上，大多數流程自動化書籍甚至可能就是以這樣的圖片開始的。我個人認為這有點無聊，這就是為什麼我把它放在本書中這麼後面的章節裡。不過，你現在還是有了它可以參考。

# 一個聯合模型之威力

在檢視成功的專案時，有一個重要的觀察是，業務利害關係者和開發者之間的合作並不代表他們中的一個人把一個模型強行塞進其他人的喉嚨裡。這真的意味著 **協作**（collaboration）。開發人員不應該只考慮架構和技術方面的問題，還要考量流程的業務面向。而業務分析師必須理解某些技術方面的問題，例如為什麼一個流程模型需要修改才能變成可執行的。這種相互理解本身就有很大的益處。

 協作不是為了決定誰是正確的而打一場戰壕戰爭，而是為了讓某些建模決策背後的理由獲得共同的理解。這使你能夠設計出一個大家都能認同的模型。

一個關鍵的成功要素是，你不要陷入擁有兩個不同模型的思維中：一個是捕捉業務需求的「業務模型」，另一個是可執行的「技術模型」。這種想法實際上存在於許多公司。它經常被關於流程全貌（process landscapes）的幻燈片所助長，這些幻燈片允許你鑽進流程的階層架構，直到你最終得到可執行的流程為止，這是由大型顧問公司所推廣的一個概念。實際上，有一個非常高層次的戰略模型可能是合理的，剛好能放在一張紙上，可以讓每個人對流程的存在原因和作用有粗略的概念。但需要注意的是，這個模型就像一部電影的預告片：它可能會會突出某些面向，但它並不是實際情節的真實呈現。一個流程在操作層面上真正的實作方式可能非常不同。

在操作層面上，有一個單一的全面模型是很重要的。當然，這個模型可能有不同的版本，甚至可能存活在不同的環境中。例如，業務分析師可能在他們的協作式 BPMN 建模器中研究 *MightyProcess*，而開發人員在他們的 Git 儲存庫（repository）中研究 *mighty_process.bpmn*，營運人員在他們的營運工具中研究 *processes/mightyProcess/1*。從物理上看，這些是不同位置的不同檔案，就像原始碼，也可能部署在不同的伺服器上。但在邏輯上，它們是同一個模型。

最重要的是，這意味著這些檔案都共用相同的內容。要從一個跳到另一個，不需要翻譯、不需要轉換、不需要任何技巧。不同的人同時在不同的物理「副本（copies）」上工作，但這就像原始碼的分支（branching）或分叉（forking）一樣，這意味著你還必須考慮到再次同步模型與合併變更的時間點。這並不一定是最簡單的，但這是可以做到的。在現實中，通常有一個主導的模型就足夠了，比方說在開發人員的 Git 儲存庫中。每當業務分析師做出改變時，只要你想納入那些變更，它們就會在主導模型中被重新建模。

注意不要被捲入無休止的討論中，圍繞著這種合作到底應該如何運作、不同的模型如何自動同步，或者從業務分析工具到技術建模者的一來一往該如何運作。雖然正確處理這些都是很重要的，但在學習流程自動化的過程中，過早的討論會讓專案停止前進。正常情況下，在做了幾個成功的專案後，這種方法就會穩定下來。

## 從流程金字塔到房屋

我必須要坦白：我犯了一個錯，那就是我自己在過去曾分發過一張表示流程階層架構（process hierarchy）的圖片！2010 年，我和我的 Camunda 共同創辦人一起寫了一本關於 BPMN 的書。我們發表了圖 10-8 左邊所示的金字塔，它倡導不同層次的流程模型。

我們後來了解到，這幅插圖意味著業務部門把一個模型扔到柵欄外讓 IT 部門去實作，而這正是我們看到的不成功之處。所以我們把插圖改成了一棟房屋，如圖 10-8 右側所示，在此，這個營運模型只是在一個聯合的模型中包含了人員和技術流。這樣做效果要好得多。

但是，什麼是人類流程（human process flow），什麼是技術流程（technical process flow）？人類流程完全由人類來處理和控制，而技術流程則由軟體負責，例如工作流程引擎。人類流程和技術流程通常會彼此互動，以表達業務流程中對各個利害關係者重要的所有面向。舉例來說，人類可以在他們工作過程中透過點擊任務清單中的一個按鈕來觸發一個技術流程。同樣地，技術流程可能需要人類去做一些事情，從而為他們建立一個人類任務。

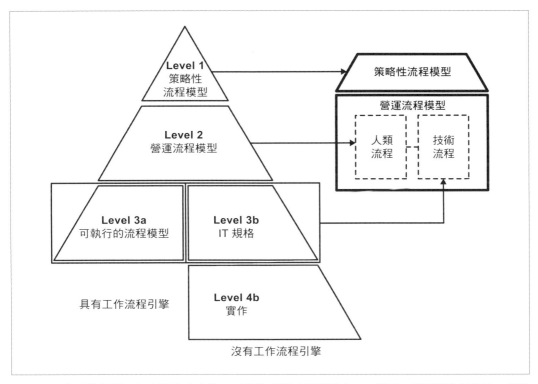

圖 10-8 典型的插圖，如左邊的金字塔，建議使用獨立的業務和 IT 模型，但更好的是使用一個整合的模型，如右邊的房子（來自 *Real-Life BPMN, 4th Edition*）

BPMN 允許你在一個大型圖表中對所有不同的流程進行建模，稱為一個協作模型（*collaboration model*）。從技術上講，你建立了個別的流程，但把它們全放在一個畫布上，並表達了溝通的關係。圖 10-9 是使用本書前面的客戶新申辦流程的一個例子。

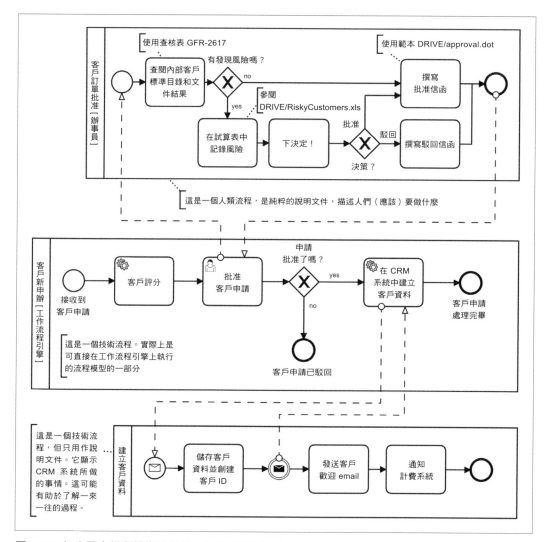

**圖 10-9 包含了人類與技術流程的一個 BPMN 模型**

那三個不同的矩形在 BPMN 中被稱為 pools（集區）。每個 pool 都是一個完整的流程。你可以把每個流程看作是整個業務流程的一個特定觀點。

頂端的流程是一個人類流程，描述了一名辦事員如何處理訂單的批准。它能讓每個人都能理解真正發生的事情，以及這對其他流程的影響。例如，它清楚地表明，批准信函是手動發送的，因此一定不是自動化流程的一部分（我不會說這是最有效的流程，但這往往是現實）。人類流程的流程模型也可以在工作指示中使用，這就是為什麼會提及所需的範本。

底部的流程顯示了 CRM 系統的實作細節。雖然這是一個技術流程，但它仍然只是說明文件，因為 CRM 系統並沒有使用工作流程引擎。了解大局還是很有幫助的，因為往往有很多事情是在幕後進行的，你需要知道這些事情以設計出你的可執行流程。在這個例子中，你可以看到 CRM 已經發送了一封客戶歡迎郵件，所以你不會想要在其他地方也這樣做。

中間的流程是工作流程引擎上的可執行流程，從本書之前範例中可以知道這點。它與其他流程相連的方式是透過訊息流（message flows），從技術上來講，這可能意味著不同的事情，從使用者介面或電子郵件到 API 呼叫或訊息。由於這是唯一一個直接在工作流程引擎上執行的流程，所以它也是唯一需要精確的流程。其他所有的流程都是說明文件，將完全由人類來解讀，所以他們有更多的自由，例如，可以只關注對理解元件之間的整體互動的重要面向。

請注意，這樣的協作模型利用了 BPMN 的很多特色，而建立一個協作模型可能不是你的 BPMN 計畫要做的第一件事。另一方面，以這種方式顯示不同行為者（無論是人類、工作流程引擎還是其他軟體元件）之間的互動有非常大的效力，通常可以幫助每個參與者真正理解大局。

不同於可執行的技術流程，這種協作模型很少在系統的生命週期內保持最新狀態。它比較像是用來探索可執行的流程看起來應該怎樣的一種實用的人為造物。

當發現可執行的流程應該是什麼樣子的時候，它更像是一個有用的人工製品。

# 誰來進行建模工作？

到了現在，你應該對流程模型如何影響你的軟體開發方法、如何促進協作以及如何直接被執行有了很好的認識。

在這一背景下，通常會出現其他問題：誰來創建可執行的模型？業務人員真的可以自己建模嗎？你如何讓一個模型的所有物理拷貝隨著時間推移保持同步呢？誰擁有這個模型？為了掌握這一切，我需要學習什麼？

為了找到一些答案，讓我們看看業務分析師和開發人員，以及他們通常是如何與流程模型一起工作的。但讓我先補充一個簡短的免責宣告。在過去的十年裡，我了解到不同企業內的角色各不相同，不僅是在職責上，而且在稱呼上也不盡相同。即使是具有相同名稱的角色也可能完全不同。當然，每個履行角色責任的人都會以他們自己的方式來執行作業。更重要的是，在小型專案中，一個人可能履行好幾個甚至是所有的角色。這都是 OK 的，但我確實需要為一些角色命名，以便在本章中繼續前進。

業務分析師思考的是業務需求，關注的是「what」和「why」，儘量忽略「how」（讓解決方案的空間保持開放，以便開發人員做出抉擇）。業務分析師通常是建立流程模型初稿的人，當然，這也形塑了可執行的流程。這時，他們應該與開發人員一起合作，使其更為正確。我見過的最好的研討會是由分析師以及開發人員組成的，他們共同建立了流程模型的第一個版本。也值得讓一些終端使用者、主題專家和營運人員參與進來，以獲得更多的觀點。這些研討會促進了對其他各方所面臨的問題之理解。例如，業務分析師可能會了解到為什麼在目前的 IT 生態系統中很難實作某個流程，而開發人員可能會了解到法律要求是使得流程如此複雜的原因。僅僅是這些見解就有巨大的價值。

開發人員負責使模型可執行。試圖讓最初的模型執行時，他們經常會認識到模型的缺陷。例如，他們可能會發現一個 API 需要流程沒有察覺的額外參數，或者某個 API 不能如設想的那般被呼叫。開發人員需要被授權在必要時調整模型。這不僅意味著能夠添加屬性以使模型可執行，還要能夠調整它，使它得以應對現實世界的挑戰。

當然，所有的變化都需要回饋給業務分析師。每一個變化都必須有一個可以向所有利害關係者解釋的理由。隨著時間的推移，這在業務分析師和開發人員之間建立了共通的理解和語言，這本身就是一筆巨大的資產。它還允許對建模的最佳實務做法進行討論，這自然會產生一個能被不同角色所接受的模型。一旦業務部門理解了模型中技術任務背後的原因，他們往往就會接受這些。

調整後的模型需要作為以後改進的基礎。在 Agile 專案中，你可能會以增量（increments）的方式開發流程解決方案，這意味著你在每個衝刺階段都會有關於調整的對話。這時你就能夠同步前面提到的不同的實體模型檔案。具體怎麼做取決於工具堆疊，但一般來說，最簡單的方法效果最好。例如，你的開發人員可以在每個可執行模型推出後，立即將其發送給分析師。然後，分析師將把所有的變化套用到他們目前的模型版本，以便在下一次反覆修訂中進行改善。有些工具提供這方面的協助，比如支援模型的版本控制、模型的差異化、合併，甚至自動更新。這當然有幫助，但更重要的是，你必須找到你的做法並堅持下去。紀律比工具的功能更重要。

密切關注可執行的模型（the executable models）；你需要避免業務分析師覆寫或刪除在他們的工具中甚至可能看不到的技術屬性。這就是為什麼可執行的人造物之所有權必須屬於開發者。

# 建立更好的流程模型

許多不同角色的人都需要理解你的流程模型（理想上不用進一步的解釋），而這些模型是具有很長壽命的人為造物。因此，有很好的理由投入心力和時間來改善你的流程模型，本節會給你一些提示。

然而，你也應該確保不要做過頭。請記住 Winston Churchill（溫斯頓·邱吉爾）說過的話：「Perfection is the enemy of progress（完美是進步的敵人）」。換句話說：一個投入生產的不完美模型可能比一個從未被執行過的完美模型更有價值。當然，這是主觀的，你可能不同意。那很好，只要你有把一些東西推向生產就行了，用一位同事的話說：「從來沒有一個完美的解決方案，所以要去找那些不快樂的人最少的模型」。

## 把（整合）邏輯擷取至一個子流程

關於任何流程模型，要問的一個基本問題是，哪些方面屬於手頭的模型，而哪些方面放在程式碼中、在被調用的個別流程模型中或在完全不同的服務中，可能會更好？

我們已經在第 3 章的「模型還是程式碼？」中討論了流程建模語言（modeling language）與程式碼的比較，並在第 7 章的「尊重邊界並避免流程單體」中觸及了服務邊界（service boundaries）。這兩者都是需要考慮的重要面向。本節將探討在同一服務邊界內提取流程的部分內容以創建出一個單獨的流程模型之可能性。

讓我們重新審視一下客戶新申辦的例子。假設要在 CRM 系統中建立一個客戶清單，所涉及的比簡單的服務呼叫要多很多，因為該 CRM 系統有一個笨拙的 API，要求你先創建一個客戶，然後才能傳遞所有的客戶資料。所有的這些都是非同步的，意味著你發出一個訊息後，需要等待結果。當然，舊有系統很慢，回應可能需要一些時間。更刺激的是，有時訊息還會在頻道上丟失，因為使用的是問題重重的訊息傳遞中介軟體。

圖 10-10 展示了處理這些細節的一個獨立流程，以避免污染主應用程式流程。呼叫 CRM 系統的技術細節被提取到了一個單獨的模型中，並從應用程式流程中調用之。如

此一來，你在新申辦流程中的所有任務都將保持相同程度的細節，使該模型更容易被使用。這是分而治之（divide and conquer）策略的一個應用，這幫助你最終獲得人們可以更容易閱讀的模型。

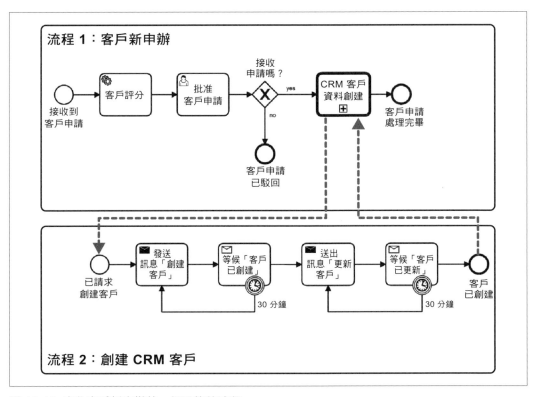

圖 10-10　實作客戶新申辦的一個可能的流程

將邏輯提取到一個單獨的模型中還有一個明顯的理由是：可重複使用。舉例來說，想像一下，在你的流程模型中，有多個地方需要在 CRM 系統中創建客戶。

這種用例帶來了一個相當有趣的問題：你是想在流程模型層面上支援這種再利用性，還是為創建客戶的作業建立一個全域可用的單獨服務，有適當的 API，所以沒有人需要知道它甚至執行了一個工作流程引擎？是的，情況可能是那樣沒錯，正如第 7 章所討論的。記住，BPMN 中的子流程（subprocess）只有在所有邏輯都包含在同一邊界內時才是有效的選擇。

除此之外，對於何時將邏輯提取到獨立的模型中，沒有硬性的規則。這就像程式設計，沒有關於將程式碼重構（refactor）為獨立方法的硬性規則。不過，它還是會影響到所產生的程式碼之可讀性。

有時，這也是品味的問題。有些人喜歡有較大的模型，帶有全部的細節，然後套用建模慣例（modeling conventions）來保持它們的可讀性。這樣做的風險是，那些流程模型對某些讀者來說太令人生畏了。另一些人喜歡建立大量的子流程，以獲得一個乾淨的主流程，這在另一方面也承擔了讀者需要瀏覽大量模型的風險。這也使得某些情況下的建模變得更加困難，例如，有一個取消請求進來，要在流程模型中向後退的情況。

我的建議是，如果可能的話，避免使用子流程，但如果你顯然有不同精細程度的邏輯，則應引入子流程，因為這樣產生的流程模型更容易理解。

## 區分結果、例外和錯誤

還有一個領域是現實生活中許多討論的來源，以致於它應該有自己的章節：處理偏離快樂路徑的問題。這種快樂路徑是一種有正面結果的預設情況，所以不會有例外（exceptions）、錯誤（errors）或偏差（deviations）的情況。但現實生活中充滿了例外，所以我們來談談它們。

BPMN 把錯誤事件（error event）定義為能讓流程模型對任務中的錯誤做出反應的東西。圖 10-11 顯示了一個例子，其中評分服務可能會引發客戶資料無效的錯誤。你也可以看到，你可以不使用錯誤事件，而是把有問題的結果寫入流程情境，並在流程的後期建立一個互斥閘道（exclusive gateway）模型，就像面對沒有評分可用的客戶時那樣。這也允許你的流程在該問題發生時採取不同的路徑。在這種情況下，從業務角度看，潛在的問題看起來並不像是一個錯誤，而更像是一個任務的結果。

在此例子中，客戶無法被評分可能是評分服務的一個有效結果，所以這不應該作為一個錯誤來處理，而是作為一個預期的結果。其中的界線很細微，但值得考慮一下，因為這個決定將影響你的模型是否容易理解。

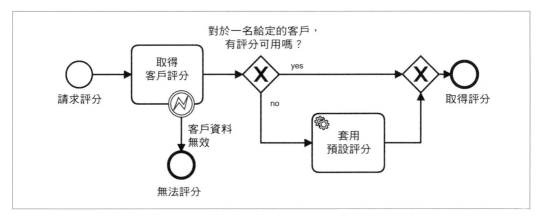

圖 10-11 流程可以對服務中的錯誤做出反應，這在語意上與得到一個負面的結果並對其做出決定有點不同

 作為經驗法則，透過閘道來處理任務的預期結果，但透過錯誤事件來為例外（阻礙我們達到預期結果的東西）建模。

在現實生活中，你也必須處理技術問題。你不能以完全相同的方式對待它們。假設評分服務變得暫時不可用。你可能不想對重試（retrying）進行建模，因為你必須將其添加到每一個服務任務中。這將使視覺化模型變得臃腫，並使業務人員感到困惑。取而代之，你需要為重試規則配置一些技術屬性，或者在營運時處理事件。這隱藏在視覺化圖形之後，如果你想讓重試對每個人都可見，你可以添加文字注釋，如圖 10-12 所示。

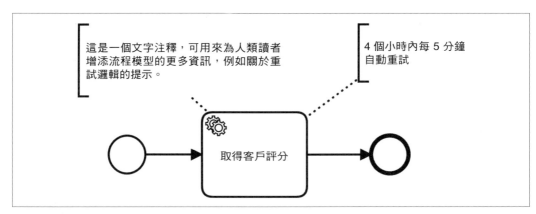

圖 10-12 失敗時重試服務呼叫通常隱藏在屬性中；如果這很重要，文字注釋能讓你為閱讀模型的人添加資訊

業務錯誤（*business error*）和技術錯誤（*technical error*）這兩個術語可能會引起混淆，因為它們過度強調了錯誤的來源。這可能會導致你們花費長時間討論某個問題是否是技術性的，以及在業務流程模型中看到技術錯誤是否是可被允許的。實際上，更重要的是看你如何對某些錯誤做出反應。即使是一個技術問題也有資格獲得業務上的回應。例如，你可以決定在評分服務不可用的情況下繼續一個流程，並單純給予每個客戶一個好的分數，而非阻斷所有進展。這個錯誤顯然是技術性的，但該反應是一個業務決定。

因此，我更喜歡談論業務反應（*business reactions*），它在你的流程中被建模，而技術反應（*technical reactions*）一般則在工具中處理，如營運時的重試或事故排除。

圖 10-13 顯示了一個例子，對評分服務的不可用性有一個技術反應（重試）。但在一定時間後，反應會升級到業務層面，以避免破壞評分服務必須遵守的任何 SLA。

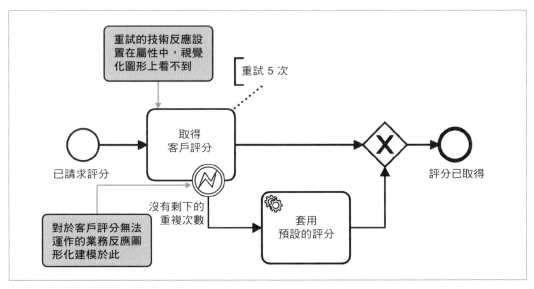

圖 10-13　像重試這樣的技術反應在模型中是不可見的，但業務反應是可見的

## 提升可讀性

你想使用視覺化模型來強化理解、討論和記憶流程。因此，投入一些精力使模型易於閱讀和理解是值得的，這可以歸結為遵循建模慣例（modeling conventions）。大多數企業隨著時間的推移定義他們自己的慣例。你可以在本書的網站（*https://ProcessAutomationBook.com*）上找到建模慣例範例的連結。

本節給你兩個典型的例子：標注元素（labeling elements）和建模時遵循快樂路徑
（happy path）。

## 標注元素

為所有的流程模型元素使用標籤（labels）將確保你的讀者真正理解流程的業務語意。
一個流程的清晰程度往往與它的標籤選得好不好直接相關。

在圖 10-14 中你可以看到：

- 開始事件被貼上了被動語態（passive voice）的描述標籤（「Order placed（訂單已下
  定）」）。

- 所有的任務都有明確的標籤，以告知讀者需要進行哪項工作，通常使用動詞 + 受詞
  （verb + object）的模式（例如「Retrieve payment（取回付款）」）。

- 帶有標籤的閘道清楚表明流程在什麼條件下會繼續在什麼序列流上進行，通常是透
  過在閘道上提出一個問題並把答案加到到序列流中。

- 帶有標籤的結束事件從業務角度描述流程的最終結果，通常是以事件的形式（「Order
  delivered（訂單已交付）」）。

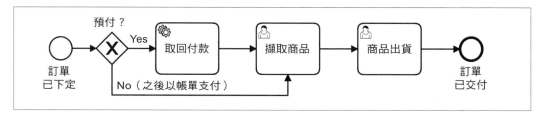

圖 10-14 遵守標籤和命名慣例的一個流程模型

## 從左到右建模並強調快樂路徑

流程圖的建模要從左到右（如果你的文化中是那樣書寫，也可以反過來），尤其不要從
上到下。這符合閱讀的方向，也考慮到了人類的視野，人類更喜歡寬的螢幕。你能想像
一個電影院的螢幕比它的寬度還要高嗎？

你可以根據發生的典型時間點，從左到右仔細放置符號，從而進一步提高圖表的可讀
性。雖然這並不總是容易的，但它會帶來很大的不同。

你可能還想強調導致成功結果交付的「快樂路徑」，把屬於快樂路徑的任務、事件和閘道放在圖中心的一條直線上，如圖 10-15 所示。至少你可以試試看，因為這並不總是可行的。

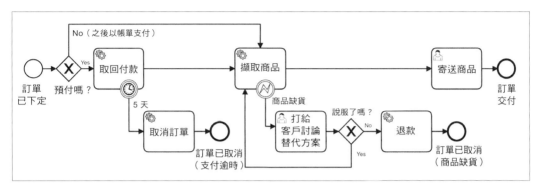

圖 10-15　一個非常易讀的流程模型，從左到右建模，尊重時間點並強調快樂路徑

# 結論

本章強調了圖形化流程模型對不同利害關係者的重要性。這是在一個典型專案的背景之下進行的研究，指出了專案的角色和生命週期階段。

現在你應該對誰來建模、不同的利害關係者如何以一個聯合的模型一起工作，以及什麼實際上是一個好的模型，有了更好的理解。

在下一章，我們將探討實務中的流程可見性。

# 第 11 章

# 流程可見性

本章：

- 加倍強調了流程可見性（process visibility）的價值
- 解釋如何在使用工作流程引擎時和在異質環境（heterogeneous environments）中實現流程可見性
- 展示你可能想要設置的典型指標（metrics）和報告（reports）

## 流程可見性的價值

可見性實際上在兩個方面影響著流程的效能：

- （持續的）流程改善
- 流程操作（process operation）

*流程改善*（*process improvement*）意味著使流程更好。「更好」可以意味著許多事情，例如，使操作成本更便宜、減少週期時間，或允許更大的規模，這表示在同樣的時間內可以處理更多的實體。有時它也意味著支援以前不可能實作的業務模型。流程的可見性是這些改善的重要工具，因為它可以識別出現有流程的瓶頸，並促進對改良方案的討論。

*流程操作*（*process operation*）是關於「保持燈火通明（keeping the lights on）」。這涉及到業務導向的營運角色，他們對 SLA 或因業務問題而卡住的實體感興趣。它還涉及更多的技術操作角色，他們關心有技術原因的事故，例如因為所需的系統停機或輸入資料損壞。

在大多數公司中，營運的角色無法明確被標示為業務或技術；它更像是一個更具業務性或更具技術性的連續體。這就是為什麼我決定在本書中只談營運。

流程可見性有助於所有的營運角色。其中一個有趣的元素是提供所謂的狀態意識（situation awareness）。認知心理學在這個領域有很多研究，證明狀態意識對操作人員的決策結果至關緊要。

這個的有趣例子之一是在空中交通管制和核電站控制室的背景之下研究的。「The Impact of Process Visibility on Process Performance（流程可見性對流程效能之影響）」（https://oreil.ly/gPTjq）這份報告的作者發現，「操作員必須隨時了解當前的流程狀態，並有能力有效地運用這些知識來預測未來的流程狀態並控制流程以達到操作目標」。這項研究透過詳細檢視精實運動（lean movement），進一步強化了可視性的價值及其對流程效能的影響：「對異常情況產生即時透明度的視覺化控制是精實生產系統的一個關鍵部分，它們對於消除浪費以持續改善流程而言至關緊要」。

因此，研究證實了流程可視性的重要性，但讓我們結束這段繞道而行的插曲，更加實務一點。表 11-1 列出了各個利害關係者的典型用例，其中可見性在流程改善或流程操作方面提供了好處。這些用例依照流程自動化生命週期階段進一步分類，這些階段在第 10 章的「流程自動化生命週期」有做過介紹。這個表格還指出該人員通常需要查看多少個流程實體，以及（如果相關的話）如何找到那個子集。在考慮用戶體驗和工具支援時，這會是一個有趣的面向。

表 11-1 受益於流程可見性的用例

| 什麼人員？ | 什麼用例？ | 生命週期中的階段 | 有益於 | 多少個實體？ |
|---|---|---|---|---|
| 業務分析師 | 從現有說明文件中了解當前實作的流程 | 分析 | 流程改善 | 全部 |
| 業務分析師、開發人員 | 共同討論並記錄需求 | 設計 | 流程改善 | 全部 |
| 開發人員 | 在實作過程中了解流程 | 實作 | 流程改善 | 全部 |
| 操作人員 | 了解並解決事故 | 操作 | 流程操作 | 一對多（以事故進行過濾） |
| 操作員、服務台 | 了解所選流程實體的狀態 | 操作 | 流程操作 | 一個（根據業務標準尋找專用實體）。 |

| 什麼人員？ | 什麼用例？ | 生命週期中的階段 | 有益於 | 多少個實體？ |
|---|---|---|---|---|
| 業務分析師 | 分析和溝通變化、弱點或改進的潛力 | 分析 | 流程改善 | 全部或按日期或業務資料過濾出來的子集 |
| 流程所有者 | 了解流程效能 | 操作、分析 | 流程操作和改善 | 全部或按日期或業務資料過濾出來的子集 |

你可能想回到第 10 章開頭討論的 ShipByButton，將這些用例映射到該故事。

# 獲取資料

你的下一個問題可能是，我怎樣才能獲得正確的資料以達到所需的流程可見性水平？讓我們看一下一些選擇。

## 運用源自你工作流程引擎的稽核資料

若是使用工作流程引擎，你可以免費獲得可見性。大多數產品使用圖形化模型，並利用它們進行設計、實作和操作。

儘管如此，你應該確保那些視覺化圖形適合所有的目標群體。本書強調 BPMN，它在這方面做得很好。對其他記號法要謹慎，特別是如果它們聲稱是輕量化的，正如第 5 章的「流程建模語言」中所解釋的。有些工具只在執行時自動生成視覺化圖形，提供的幫助非常有限，這意味著你可能會錯過很多價值。

有不同的方法可以從你的工作流程引擎取用審計資料。最簡單的選擇是利用你的供應商提供的現有監控和報告工具，如第 2 章「業務監控與報告」中所討論的。它們提供了一個很好的起點，應該可以開箱即用。其功能取決於具體的工具。

另一個選擇是透過工作流程引擎的 API 取用資料。這允許你在該 API 之上建立你自己的使用者介面，或者，可能更好的是，將資料載入到你自己的資料庫中，以便之後進行分析。

有時，你也可以繞過 API，直接從工作流程引擎的資料庫中讀取資料。這種設計選擇的典型原因是缺乏適當的 API，或者使用 API 處理大量資料時的效能問題。如果你把自己限制在對資料的讀取上，這或許是 OK 的。但這應該是最後的手段，因為資料庫綱目（database schema）是引擎的實作細節，就應該那樣被對待。例如，在回溯相容性（backward compatibility）方面，你不會得到與 API 相同的保證。

如果你想建立一個 ETL 作業（ETL job），將資料轉移到你自己的資料倉儲（data warehouse，DWH）或商業智慧（business intelligence，BI）解決方案中，這個作業也可以取用 API 或退回使用資料庫。

有些工作流程工具也允許將歷史資料作為一個事件串流（event stream）發佈。然後，你可以訂閱該串流，並以選擇的格式來儲存資料。

那麼，什麼是取用稽核資料的最佳方式呢？一如既往，這要視情況而定。在這種情況下，「最佳」選項主要取決於你的整體架構和堆疊。你的工作流程供應商可能會提供建議。

## 為事件建模以測量關鍵績效指標

在工作流程引擎內的每一次流程執行中，你都可以立即收集重要的 KPI 指標，例如關於每個時間單位的流程實體數量或週期時間。

但通常你會想要分析更多的效能指標。例如，你可能想了解在收到付款後需要多長時間來交付訂單。為了支援這一點，你可以明確地在你的流程模型中添加更多的業務里程碑（business milestones）。在 BPMN 中，這意味著添加中間事件（intermediate events），如圖 11-1 所示。

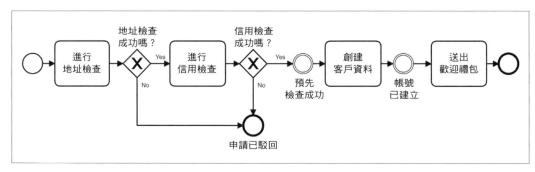

圖 11-1　你可以在你的流程模型中新增測量點，通常用作里程碑

這些里程碑沒有任何執行語意，只是在工作流程引擎的稽核軌跡中留下了記錄。只要流程通過了該事件，就達到了那個里程碑；因此其狀態可以是通過（*passed*）或未通過（*not passed*）。

另一種做法是對階段（phases）進行建模。在 BPMN 中，你可以使用內嵌的子流程（embedded subprocesses），如圖 11-2 所示。

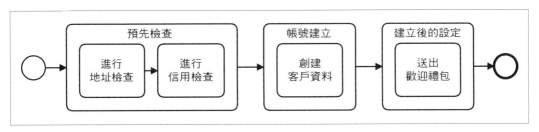

圖 11-2　你能為你的模型新增階段

相較於里程碑，一個階段（phase）可以有第三個狀態：作用中（active）。

你可以利用業務里程碑和階段來進行監控和報告，如本章所述。最典型的是，它們被用來讓業務角色獲得一個彙總的觀點，或者為終端使用者或客戶提供簡化的觀點。讓我們再簡短研究一下後者。

## 狀態查詢

想像一下，你想回答關於訂單的狀態查詢要求，比如「我的訂單在哪裡？」 你可能會在客戶自助服務窗口中提供這些資訊。在這種情況下，你不能只使用可執行的 BPMN 流程，因為這通常會顯示太多你不想披露的內部細節，或者那會讓客戶感到困惑。

有兩種基本方法來解決這個問題：你可以設計一個專門為客戶（或支援的代理人）準備的簡化過的客製化流程模型，或者你可以利用里程碑或業務階段來創建自製的視覺化圖形。

圖 11-3 顯示了使用 BPMN 自訂流程模型（custom process model）的一個例子。這個流程模型只用來視覺化狀態；它不會在任何引擎上執行。這意味著該模型不一定要完全正確，只要能達到目的即可。在此例中，該模型只是顯示了真實流程中存在的某些任務（包括階段）的稽核資料。其他任務則被移除了。正如你所看到的，這個模型只是一種不同的視覺化圖形，資料仍然可以直接在工作流程引擎中取用，這使得它很容易實作。本書的網站（*https://ProcessAutomationBook.com*）上有一個程式碼範例。

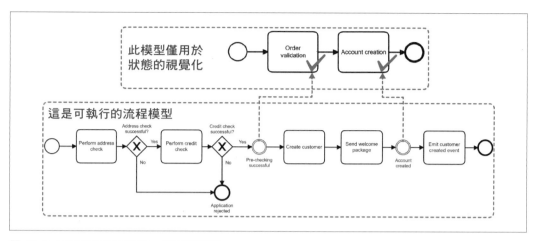

圖 11-3　只用於狀態查詢的一個流程模型

然而，創建一個自訂的視覺化圖形，向客戶或客戶的支援代理人展示里程碑或階段，往往更容易。例如，查核表（checklists）在視覺化里程碑方面非常流行，如圖 11-4 中的例子所示。

圖 11-4　為客戶提供的狀態可見性通常是以查核表的形式出現的

在這種情況下，一個很大的挑戰是如何找到正確的流程實體。打來電話的客戶可能不知道他們的流程實體 ID。事實上，他們甚至可能不知道他們的訂單號碼或客戶 ID。這意味著，你需要提供一些搜索功能。如果這僅僅是基於工作流程引擎的資料，你就需要確保有將所需的資料附加到流程實體中。

對狀態查詢的另一個觀察是，你很快就會離開一個流程實體的範圍。典型情況下，你想看的是端到端的流程，而這可能在工作流程引擎參與之前就開始了。由於異質性端到端流程（heterogeneous end-to-end processes）的主題並不侷限於狀態查詢，我們接下來會在更廣泛的範圍內進行研究。

# 理解跨越多個系統的流程

正如你在第 7 章中讀到的，端到端流程很少只在一個情境（context）、微服務或元件中執行。相反的，流程是跨邊界的。這意味著端到端流程通常不是完全在一個工作流程引擎上執行。以一個典型的新申辦流程為例，這可能從發送紙質文件（客戶訂單）開始，經過掃描、OCR 和分類，然後才在工作流程引擎中啟動一個流程實體來處理申辦流程。事實上，這個流程甚至可能更早就開始了，在潛在客戶下載訂單表格之時。

這意味著你需要採取進一步的行動來獲得對端到端流程的可見性。如果你的事件驅動架構傾向於用編排（choreography）來實作流程的某些部分，這也適用，正如第 8 章所解釋的那樣。

本節將簡要介紹現實生活中所用的方法，以及它們的取捨。有趣的是，在本文寫作之時，這個領域的許多工具還在持續湧現，所以期待市場上的一些動向。

## 可觀測性和分散式追蹤工具

一個常見的想法是利用微服務社群現有的可觀測性工具（observability tools）。這些工具通常專注於理解突現行為，正如第 8 章的「突現行為」所解釋的那樣，以後見之明來觀察。

一個常見的例子是分散式追蹤（distributed tracing），它努力在不同的系統和服務中追蹤呼叫堆疊（call stacks）。這是透過建立唯一的追蹤 ID（trace ID）來實作的，這些 ID 被添加到所有的遠端呼叫中（例如，在 HTTP 或訊息標頭中）。如果你的宇宙中的每個人都理解或至少轉發這些標頭，你就能在一個請求在不同的服務之間跳躍時留下麵包屑。圖 11-5 顯示了一個例子。

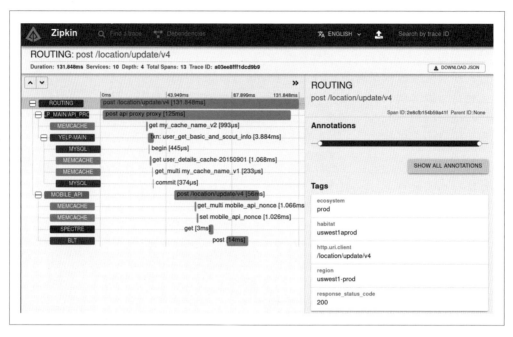

圖 11-5 分散式追蹤顯示分散式的堆疊軌跡（來源：*https://zipkin.io*）

分散式追蹤可以幫助你了解請求如何在系統中流動。這對於找出故障或調查效能瓶頸的根源非常有幫助。

而且，由於有幾個成熟的工具，即使你必須對你的應用程式或容器加裝儀器以支援追蹤，相對來說還是比較容易上手。

但有兩個因素使分散式追蹤工具很難應用到理解端對端業務流程的問題。

- 追蹤軌跡對於非工程師來說是很難理解的。就我個人而言，向非技術人員展示軌跡的實驗都慘遭失敗。投入一些時間用方框和箭頭重新繪製相同的資訊要好得多。即使關於方法呼叫和訊息的所有資訊對於理解通訊行為是有用的，但對於理解跨服務業務流程（cross-service business processes）的本質來說，這些資訊的精細度都太細了。

- 為了管理鋪天蓋地而來的細粒性（fine-grained）資料，分散式追蹤使用了採樣（sampling）。這意味著只收集所有請求中的一小部分。典型情況下，90% 以上的請求從未被記錄下來，所以你永遠沒辦法對正在發生的事情有完整的看法。

# 自訂的集中式監控

與其收集技術軌跡（technical traces），不如收集有意義的業務或領域事件。這能讓你獲得資訊正確的精細度（granularity）。然後，你可以在這些事件的基礎上建立你自己的集中監控工具，這基本上是一個收聽所有事件的服務，並將它們儲存在一個單獨的資料儲存區中。重要的面向是使用能夠處理必要負載並執行所需查詢的技術。這視覺化於圖 11-6 中。

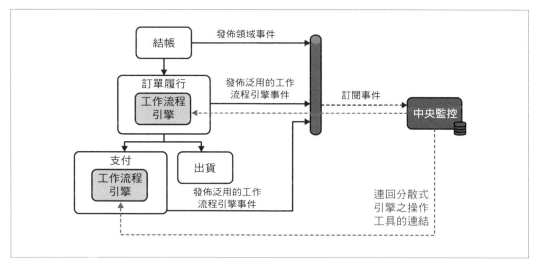

**圖 11-6　自訂的集中式監控允許你在異質架構中監控端到端的流程**

事件可以有多個來源；它們可以包括來自你事件驅動架構的現有事件、為監控目的而發出的自訂事件，或從舊有系統中提取出來的事件。此外，好的工作流程引擎支援自動發送相關事件（例如，一個流程實體開始了、一個里程碑達到了、一個流程實體失敗了，或者一個實體剛剛結束）。

在最簡單的情況下，集中式監控解決方案顯示每個端到端流程實體的事件、流程實體和當前事故的列表。這種視圖（view）可能會提供連向相應工作流程引擎正確的營運支援工具的連結，讓你深入了解所有細節或解決事故。圖 11-7 顯示了一個例子。

| 流程控制中心（自訂軟體） |||| 
| --- | --- | --- | --- |

**Order #42**

| Date & Time | Event | Info | Link |
| --- | --- | --- | --- |
| 2021-01-12 05:23 | Order Placed | | Order Manager |
| 2021-01-12 05:24 | Order Fulfillment Created | Process Instance #74587 | See in Operating Tool (Order) |
| 2021-01-12 05:27 | Incident Created | Process Instance #74587 Faild: Payment Service not available | See in Operating Tool (Order) |

圖 11-7 中央工具可以為一個端到端的流程提供所有的相關資訊，包括與連向分散式操作工具的連結

你也可以利用圖形化的流程模型，將這些資訊視覺化。像來自 bpmn.io 專案（*http://bpmn.io*）的輕量化且開源的 JavaScript 框架能讓 HTML 頁面的建立變得容易，如圖 11-8 所示。

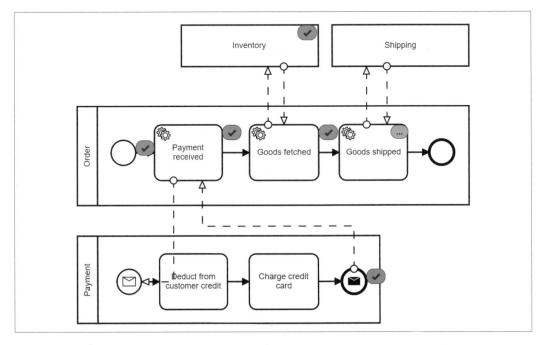

圖 11-8 一個簡單的 HTML 頁面，利用 BPMN 檢視器來顯示圖形化流程模型的狀態

當然，你也可以建立多個模型，突顯同一個端到端流程的不同面向。這對於想要專注在某個假設或流程階段的業務分析師來說特別方便。

自訂的監控解決方案是一種強大的機制，但需要額外的努力來構建，而要在大型企業中引入這樣的方案，有一個很大的障礙可能是，對於這樣一個元件的所有權不明確：誰來建置、營運和維護它？

## 資料倉儲、資料湖泊以及商業智慧工具

當然，你也可以利用現有的資料倉儲（data warehouses）或資料湖泊（data lakes）。事實上，也許你現有的商業智慧（business intelligence）、分析或報告工具甚至可能直接就能處理一些端到端流程監控需求。這可能是一個很好的起點，因為這意味著你可以省去引入一個中央工具的麻煩。這種做法視覺化於圖 11-9 中。

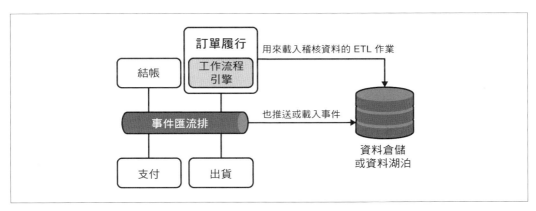

圖 11-9　可以利用資料倉儲來提供洞察力，藉此從工作流程引擎中收集資料

但這種方法是以失去流程情境（process context）為代價的，通常也包括作為流程模型的視覺化圖形。

將稽核資料從工作流程引擎載入到這些工具中往往是一種挑戰，因為很難預先處理和儲存相關資料，從而在 DWH 中得到可據以行動的資料。

利用 DWH 作為資料儲存區，但仍在其上開發一個自訂的使用者介面，可能會是很好的折衷辦法。當涉及到提供流程情境時，這會有更大的彈性，例如，透過顯示流程圖表。

# 流程探勘

一個完全不同種類的工具是流程探勘工具（process mining tools）。它們解決的問題是了解一個流程實際上是如何使用不同工具（如 ERP 或 CRM 系統）的混合體實現自動化的。典型情況下，這涉及到從這些系統載入和分析一堆日誌檔（log files），以發現相關性和流程流動方式。

流程探勘工具可以發現一個流程模型，並以圖形的方式將其視覺化。它們還允許你深入挖掘詳細的資料，特別是圍繞著瓶頸或最佳化機會的那些。圖 11-10 中顯示了一個樣本。

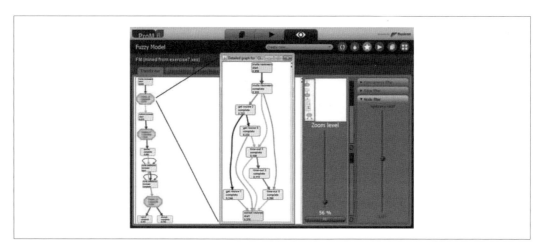

圖 11-10　在流程探勘工具中探索資料（來源：*https://www.promtools.org/doku.php*）

流程探勘為你的業務流程添加了達成可見性的有趣能力。遺憾的是，大多數工具的重點都是在舊有架構中發現流程流動方式。

這意味著這些工具擅長分析日誌檔（log file），但並不善於攝入即時事件流。它們能對所發現的流程模型進行分析，但不能用於監控或報告的用例。而且，它們通常利用直接追隨者圖（direct follower graphs），而不是 BPMN，因此很難向所有相關的利害關係者展示這些圖形。

此外，在大多數情況下，流程探勘工具被用於廣泛的分析專案，旨在發現、理解和分析一個混亂的大型舊有系統。在這些專案中，可能需要幾週時間來發現哪些事件可以被利用，以及要去哪裡找到它們。

因此，雖然流程探勘很有價值，但它關注的焦點並非允許即時的流程監控和報告。

## 流程事件監控

這種問題之解決方案的一個新興類別是流程事件監控（process event monitoring）。其想法是，你可以定義一個用於監控的流程模型，然後將事件映射到某些任務上，如圖 11-11 所示。

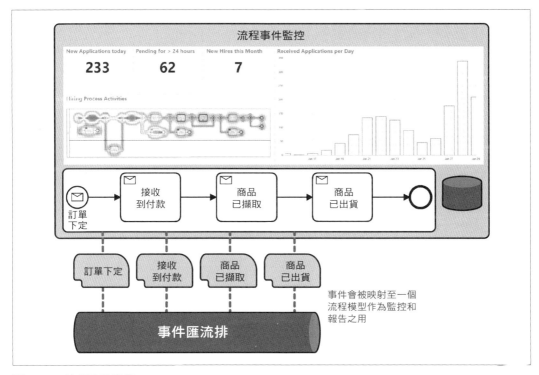

圖 11-11　流程事件監控

事件帶有唯一的追蹤 ID（如分散式追蹤所描述的那樣），可從各種來源攝入。這種解決方案與自訂監控相當，主要差異在於，很多功能都是由供應商預先建置的。

## 目前的市場動態

當你讀到這裡的時候，這些分類可能已經模糊了：典型的流程探勘工具可能在流程事件監控方面變得更好，反之亦然；可觀測性工具可能會增加業務視角；輕量化工具可能被用作自訂監控解決方案的基礎，減少實作的工作量。

總之，今日已經有了一些選擇存在，而在未來，我預期這將變得更加容易。我自己也很興奮，想看看這到底會如何發生。

# 設置流程的報告與監控

為了使你的流程自動化專案取得成功，你必須設置正確的報告（reports）和衡量標準（metrics，或稱「指標」）。讓我們更詳細探討一下這個問題。

## 典型的衡量標準和報告

最重要的指標是相對簡單的。有些是基於流程的持續時間（*duration*）。這些包括：

- 週期時間（cycle time），指的是整個流程的持續時間（無論是在一個工作流程引擎中執行的流程，還是端到端的流程）。這是判斷流程效能的一個關鍵指標。進一步分析趨勢和離群值是很有意思的，例如為了理解極其緩慢的流程實體背後的原因和影響。

- 流程的特定部分或階段（phases）的持續時間。如果你想把你的分析限制在流程的一個較小的部分，這可能是有用的。

- 單項任務的持續時間。例如，你可能想驗證 SLA 或分析單個步驟的改善潛力。

其他典型的指標是基於計數（*count*）的。比如說：

- 啟動和結束的實體的數量

- 訪問一個特定路徑的實體之數量

- 達到特定結束狀態（BPMN 中的結束事件）的實體數量

理想情況下，你想（接近）即時地、大規模地訪問這些指標，當然，它們必須是準確的。此外，你可能需要在指標超過某個門檻值時發出一些警報，舉例來說，如果訂單的交付時間飆升，你就得調查原因。理想情況下，所有參與的利害關係者應該都能以自助服務的形式取用相關資訊，甚至可以建立他們自己的以流程為焦點的視覺化圖形和報告。

這很像是願望清單。但是，如果你有了解流程情境的監控和報告工具，這實際上是可行的。這些工具可以吐出所有這些數字，並直接以它們為中心進行分析。然而，如果你錯失了流程情境，例如你的報告是基於你自己的 DWH，這種分析可能會變得很麻煩，甚至不可能。通常，現實生活中的專案必須調整他們的 DWH 載入作業（ETL），以預先計算指標，如流程的週期時間，以便在 DWH 中提供這些指標。這妨礙了你想透過流程可見性達成的業務敏捷性（business agility）。

這就是為什麼設置專門的流程監控和報告工具有很大的意義。理想情況下，你甚至可以提供具有流程情境的即時儀表板。圖 11-12 是一個客戶的真實例子。

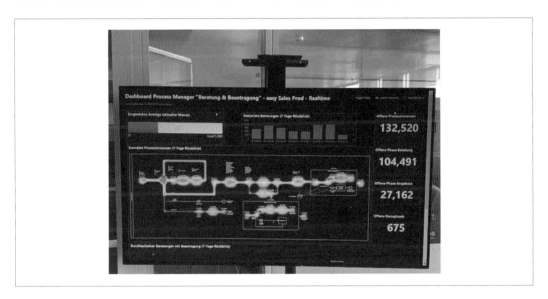

圖 11-12　即時可見性的範例儀表板

# 允許更深入的理解

這些通用的指標，在相對較高的層次上進行彙總，並不總是足以促進流程的改善。你還需要提供更高精細度的資料，以便進行更深入的分析。

舉例來說，你可能希望能夠根據流程情境區分差異，這意味著你需要檢查附加在流程實體上的資料。或者你可能希望有能力追蹤一段時間的變化；例如，分析趨勢。在做報告時，納入流程狀態可能是有用的，因為如果流程仍在執行、如果它們完成了，或者它們被取消了，就會有所差異。此外，你也希望能夠研究一個流程所採取的路徑，因為某些特殊案例會需要進行調查。

想像一個保險申辦流程，人們可以申請一個新的汽車保險合約。圖 11-13 中顯示了一個例子。在這個流程中，有些合約需要人工批准。這意味著整個週期時間會有很大差異，因為在完全自動化的情況下，服務客戶的速度非常快，但在人工的情況下則相對較慢。

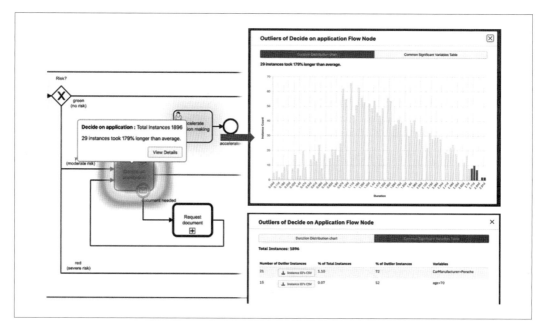

圖 11-13　有了流程的情境脈絡，你可以從資料中獲得意義，像是分析異常值

現在，假設你調查了這些資料，並迅速了解到即使是人類任務實體的持續時間也有很大差異。你很好奇為什麼會出現這種情況，特別是因為你想發現如何加快事情的進展。因此，你分析了該任務持續時間方面的離群值。當你研究流程實體所附的資料時，你得到了一些線索，發現所有緩慢的流程都涉及到年長駕駛人申請高速跑車的保險。這給你提供了一個很好的基礎，可以和辦事員的團隊負責人溝通，以澄清為什麼這些案件似乎比其他案件更複雜。流程情境有助於你找到重要的指標來改善流程的表現，從而提高客戶滿意度。

# 結論

使用工作流程引擎來實作流程自動化時，你可以免費獲得一定程度的流程可見性。

然而，許多流程，特別是端到端的流程，是異質（heterogeneous）的。本章描述了在這種情況下如何獲得可見性，可以透過使用針對流程事件監控或流程探勘的現成產品，或者實作自訂的監控解決方案。典型的 DWH 和 BI 工具並不能解決問題，因為缺少流程情境（process context），這使得即使是簡單的報告也很難生成，而且不可能進行靈活、深入的分析。最後，關於你想設置的指標和報告，本章給了你一些出發點。

# 第三部

# 開始行動！

本書的最後一部分將會帶你聚焦於如何在你的公司中成功引入流程自動化。

## 第 12 章

在這裡，你將了解到成功的採用之旅是什麼樣子的，強調了引入流程自動化的務實、敏捷（Agile）和反覆修訂（iterative）的過程。本章描述了由上而下的指引和由下而上的成功案例之間的區別；它不僅能幫助你了解如何為第一個專案的成功做準備，而且還能幫助你了解以後如何擴大採用規模。

## 第 13 章

本書的結尾一章提出了一些結束性的想法。

# 引入流程自動化的旅程

本章將回答像這樣的問題：你如何將流程自動化引入你的組織？如何使你的第一個專案取得成功？以及如何建立一個全公司範圍內的實務做法以擴大採用規模？

為了達成這些，本章將：

- 勾勒出兩個典型的採用歷程，並從中得出一個模式

- 描述這個旅程中的第一步，也是關鍵的一步（特別是在前一到三個流程自動化專案中）。

- 深入探討跨越整個組織的擴大採用，以及由此帶來的所有挑戰。

你可能想知道為什麼你會在一本技術書籍中讀到這些主題。原因是雙重的。首先，作為一個開發者或軟體架構師，你需要意識到某些挑戰，以便解決它們。即使政治超出了你的直接掌控範圍，你也會受到它們的影響，而且你必須採取行動，以幫忙避免你的專案出現重大問題。

第二，如果你是一個企業架構師，學習如何將流程自動化引入企業的最佳實務做法是至關緊要的。你的工作不僅是了解能力和架構，而且要在給予重要指導、定義必要的防護和讓專案自由發展之間找到正確的平衡。與其說是為你的公司定義「正確的架構」，最終你更可能成為一個內部顧問和推動者。本章將使你掌握達到這一目標的基本知識。

# 認識採用歷程

但首先，讓我們了解採用流程自動化的典型旅程。我發現從例子中學習是最有幫助的，所以我們將在這裡看兩個故事。一個是捏造的失敗故事，包含了許多來自現實生活的元素。它將幫助你了解你絕對會想要避免的失敗。第二個是我多年來觀察的一個客戶之真實故事。這個故事將強調導致其成功的要素。

## 你會想要避開的失誤

想像一下，你是虛構公司 DontDoItAtHome Inc. 的一名 IT 主管。DontDoItAtHome 為不想在家裡自行製作手工藝品的客戶提供了一個市場。

在一次供應商活動之後，你的 CIO 回到辦公室，熱情地談論著流程自動化的潛力和工作流程自動化平台對你們開發人員生產力的巨大影響。他們解釋說，流程導向是一個策略性主題，並建議你應該建立一個中央工作流程引擎，以便在整個企業中廣泛採用。

你問他們想如何開始這一計畫，以及什麼專案應該首先採用新方法。他們告訴你，流程自動化的戰略意義太大，不能從一個微不足道的專案開始。不能是那樣，所以他們計畫為它設立一個完整的專案！他們甚至承諾提供所有的資金，這不是很棒嗎？雖然你很疑惑那些錢要從哪裡來，他們上個月才告訴過你，沒有預算留給你客戶乞求的一個重要功能。

你的 CIO 組建了一個團隊來評估一個工作流程工具，特別要求他們不要忘記他們參加的那個偉大活動的主辦方那家供應商。在選擇了一個產品之後，這個團隊將圍繞著該核心產品建置出一個公司專屬的平台，以支援你們特定的 IT 基礎設施。計畫是，一旦這個平台到位，專案就能快速地自動化重要的業務流程。

為了為這項計畫準備輸入，另一個團隊成立了。他們收集所有相關的業務流程，並在一個流程全貌圖（process landscape）上勾勒出它們。正如一家大型顧問公司所建議的，他們為流程架構採取分層方法。他們把相關的業務流程描述得非常詳細，這應該作為自動化專案的輸入，而這些專案將很快在新平台上實作可執行的流程。

這項工作進行了 6 個月後，你們 CEO 開始緊張起來，希望看到結果。無論是工作流程平台還是流程架構團隊都沒有提供任何直接的商業價值。你們 CIO 正受到壓力，要求他展示能將如此龐大的投資轉化為適當商業案例的真正成就。

CIO 想發表聲明，並決定首先將最關鍵的流程自動化，也就是訂單履行流程。這將在業務上獲得大量的可見性，他們相信，他們將能夠展示工作流程平台對公司是多麼有益和重要。

一個新的專案團隊被組建起來，負責實作訂單履行流程。他們沒有工作流程引擎的經驗，顯然也沒有新的內部平台的經驗。而且，學習這個內部平台是很困難的，因為它的說明文件很差勁。他們需要定期諮詢平台團隊才行。

透過在網際網路上做一些研究來了解底層的工作流程產品，專案團隊發現內部平台阻止他們使用其一半以上的功能。除此之外，它所使用的工具版本是一年前的，並且有嚴重的缺陷，而供應商在最新的版本中已經修復了所有的那些缺陷。

而且，平台團隊沒有時間去處理他們的任何要求：幾個額外的流程自動化專案已經啟動，光是向所涉及的每個人解釋平台如何運作，就已經完全耗去平台團隊的時間與心力。

結果就是，訂單履行團隊不得不使用一個已經過時的引擎的一半功能，再加上自製的功能，這些功能要不是沒用的，就是沒有說明文件的，不然就是不穩定的（或者三者皆是）。

除此之外，他們還從流程全貌專案中得到一個流程模型作為需求。期望是，他們只需要實作它就行了，這能有多難？事實證明，這困難到不可能。那個流程模型基本上是不能用的。它缺少很多實作所需的細節，而且還包含了很多關於未來流程的一廂情願的看法。專案團隊發現，該流程模型需要大幅的變更，而那將影響到整個組織許多員工在未來的工作方式。

同時，業務部門已經厭倦了討論流程模型，因為他們在六個月前作為流程全貌設置的一部分，就已經召開了太多的會議來為該流程建模。不幸的是，這些努力並沒有為企業帶來切實的結果或改進。

當然，公司裡沒有人願意聽到這個現實，尤其是考慮到同樣的工作流程工具對其他公司來說運作得很好，而且剛剛才在這個專案上投注了大量的資金。結果是，該組織甚至可能不會從他們的失敗中記取教訓，所以很快就會被淘汰。

你可以從這個例子中得到很多啟示：

- 在你的旅程中，不要過早開始大型戰略計畫。從一個專案開始，而不是一個計畫。

- 避免從上到下的採用運動，而是創造一個允許自下而上成長的環境。一個很好的平衡是要有一個環境，讓基層的倡議可以發起，然後支援最有希望的倡議來推動採用。擴大採用的規模應該總是作為第二步。

- 抵制創建你自己的平台的誘惑。

- 首先要挑選正確的流程進行自動化。最重要的核心流程整體可能有點大、風險太高，作為第一步來嘗試太過複雜。

- 不要一下子開始太多專案。

- 專注於提供商業價值。你的流程解決方案需要解決一個真正的業務痛點。

- 不要從流程架構或流程全貌計畫開始。你不能期望一開始就能為你的流程自動化專案推導出隨時可用的流程模型。當你知道流程自動化的真正運作方式時，你才能更準確地勾畫出流程架構。

- 讓你自己的學習成果影響你的目標畫面，這包括接受一種公開討論失敗的文化，以便從中學習。供應商或顧問公司的最佳實務做法（或書籍）可以作為一個很好的起點，但不能取代你找出自己的方式。

- 請確保專案團隊有自由發揮的空間，並做出他們自己的決定。

## 一個成功的故事

讓我們用一個現實生活中的成功故事來對比一下 DontDoItAtHom。這個故事是關於一家擁有約 7,000 名員工的保險公司，在此我不說出它的名稱。我也不能像虛構的故事那樣提供大量的細節，而是專心做出一個總結。

2014 年，該保險公司組建了一個團隊，將特定的汽車保險索賠處理自動化。這裡有一個真正的痛點，因為現有的索賠處理主要是人工驅動的，並且跨越了幾個組織單位。這使得該專案很容易建立出商業案例並得到高層管理人員的支持。這進一步得到了加強「流程導向」的戰略計畫的支援（而非驅動），這在當時是保險公司的一個熱門話題。

作為這個專案的一部分，他們：

- 評估了一個工作流程工具

- 分析並建模了一個可執行的流程

- 實作了整個流程解決方案

- 將其與他們現有的使用者介面整合

- 與他們現有的 SOA 基礎設施整合

- 將相關資料匯出到他們的資料倉儲

- 將其投入生產並操作之

最初專案成功的最大秘訣是，他們把焦點放在解決業務上的困難。出於戰略考量，引入工作流程自動化技術是該專案的重要步驟，但他們設法保持良好程度的實用主義。舉例來說，當他們討論 DWH 中的流程報告時，專案經理打斷了涉及太多細節的討論。取而代之，他們力推的是，及時實作這個專案所需的最小可行功能集。

我還記得圍繞著那個專案的一則不錯的軼事。在評估階段，一些大的供應商推銷他們的工作流程工具，我的公司也是，作為唯一的開源供應商。當時我們的規模很小，還無法展示一長串的保險客戶名單。不過，我們還是被邀請參加了第一次銷售會議。我後來才聽說，專案團隊對售前顧問（我）選擇不注重投影片和白皮書，而是堅持實際演示，解釋原始碼，並儘快啟動概念驗證的做法印象深刻。這與大型供應商的推銷方式完全相反，這引起了他們非常大的共鳴，以致於他們也說服了他們的 CEO。剩下的就是歷史了。

在這個初始專案之後，這個團隊被改組成為自己的部門。他們被賦予幫助其他團隊設計和開發流程解決方案的責任。在最初的兩三年裡，他們為這些團隊做了大量的實作工作，但隨著時間的推移，他們演變成一個內部諮詢工作小組，「單純」幫助其他團隊開始工作。

以一種有機的方式，只要碰到以工作流程工具為中心的任何問題，他們就是尋求解答或討論的首選場所。因此，他們不僅確保了經驗和見解的保存，而且還促進了整個組織的知識共享。如今，他們還經營著一個內部的 BPM 部落格、組織自己的培訓課程，並管理著一個年度的內部社群活動，讓不同的團隊可以分享最佳實務做法。

雖然他們確實在工作流程引擎的基礎上開發了一些工具，但他們從未強迫公司裡的任何人使用這些工具。而雖然他們早在 2015 年就開始營運一個中央 BPM 平台，但不久之後他們就放棄了這種模式，現在允許解決方案團隊執行自己的引擎。他們仍然提供以引擎為中心的可重複使用的元件，例如，掛接到 Active Directory 或與他們的內部 ESB 對話，但這些是作為額外的程式庫提供的。

他們現在正在啟動一項內部服務，提供託管的工作流程引擎，以減輕專案團隊的配置和營運工作。

到 2019 年底，這家公司有近百個不同的流程解決方案在生產環境中執行。不僅 BPM 團隊超級滿意，而且上層管理人員也很滿意。

這個故事的關鍵啟示是：

- 直到你準備好擴充規模之前，都要循序漸進，一步一步來。
- 獲得決策者的支持，你的流程解決方案必須解決一些真正的業務痛點，才能做到這點。
- 確保讓有經驗的人有機會在後續專案中提供協助。
- 捕捉最佳實務做法並確保知識共享。
- 若能提高生產力，就提供可重複使用的元件（reusable components），但要作為團隊想要採用的程式庫。
- 建立一個內部諮詢方法，或許可以組織成一個卓越中心。至少要在企業中找出並培養一個能夠驅動該主題的知名冠軍。
- 為新人或團隊定義學習路徑。

在看過這兩個截然不同的例子後，讓我們更深入地了解什麼是成功的採用歷程。

# 成功的採用歷程之模式

從數以百計的真實故事（就像這裡所描述的那兩個）中，我和我的同事們推導出了引進工作流程引擎到組織中最成功的一種簡單模式。它顯示在圖 12-1 中。

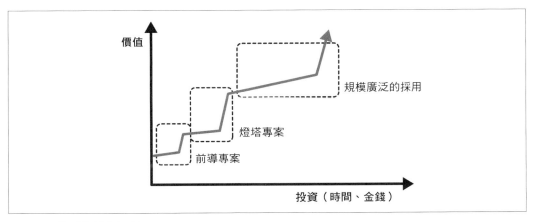

圖 12-1 典型的採用歷程

在評估你的技術堆疊時，你需要設置一個概念驗證（proof of concept，POC）專案。這個專案的目標是定義和驗證架構和堆疊，確切的程式碼往往被丟到一旁。

在這個 POC 之後，馬上開始一個前導專案（pilot project）。為了真正了解整個軟體開發生命週期中流程解決方案的所有面向，前導專案的上線是非常必要的。你應該選擇至少可以展示流程自動化一些好處（例如，效率的增加、有效性、合規性）的某個場景，因為許多人，包括決策者，都會對可量化的結果（quantifiable results）感興趣。

偏好敏捷開發（Agile development）方法，以反覆修訂（iteratively）和漸進增量（incrementally）的方式開發流程解決方案。這使你能夠快速學習，並讓這些學習成果糾正你的方向。這是一個非常正面和激勵人心的上升螺旋，我經常看到它發揮作用。對於使用新工具或架構的專案來說，這一點尤其重要。

雖然在某些組織中是這樣的，但前導專案可能沒有被集中規劃為「流程自動化的起點」。很多時候，這些專案只是作為打算解決業務痛點的專案之開端，並在過程中採用流程自動化技術。這完全沒有問題，甚至可能使專案在開始時更容易避免過多的政治因素。

在執行一個成功的前導專案後，開始一個燈塔專案（lighthouse project）。這要麼是你在引進流程自動化的歷程中特意採取的步驟，要麼就是在讓你認識到流程自動化潛力的基層前導專案成功後，自然而然地採取的措施。

一個燈塔專案有更廣泛、更現實的範圍，可以用來向你組織內的其他人和團隊展示架構、工具和流程自動化的價值。它就像一個燈塔，引導公司的其他同事了解流程自動化的價值。請確保你選了一個相關的用例。

理想的情況是，做前導專案的團隊也參與燈塔專案，因為這樣可以將他們所有的學習成果納入考量。這一點很重要，因為燈塔專案可能成為往後專案的範本。這就是為什麼在燈塔專案完成並上線後，你還應該計畫一些時間來重新審視它。請記住，投資於這種大幅修改遠比一開始就想把事情做得完美要好得多。

確保燈塔專案在公司內部獲得能見度。遵循「展示和講述（show and tell）」的做法，進行內部演示、分享原始碼（包括說明文件），並邀請人們參與討論。典型情況下，你應該選擇現場示範而非靜態幻燈片，並選擇具體的公司專案而不是一般的供應商展示案例。

只有到那時，你才應該採取下一個步驟，即在整個企業中拓展流程自動化的規模。你應該慢慢進入這個階段。確保在你從少數專案中收集到足夠的相關經驗之前，不要推得太廣。理想情況下，這種擴充是以「拉（pull）」的方式進行的，也就是說，專案團隊聽說了流程自動化的優勢，並決定在他們自己的專案中應用之。

整個歷程更詳細視覺化於圖 12-2 中，它來自於被稱為客戶成功路徑（customer success path）的一個最佳實務做法（*https://oreil.ly/CF44F*）。

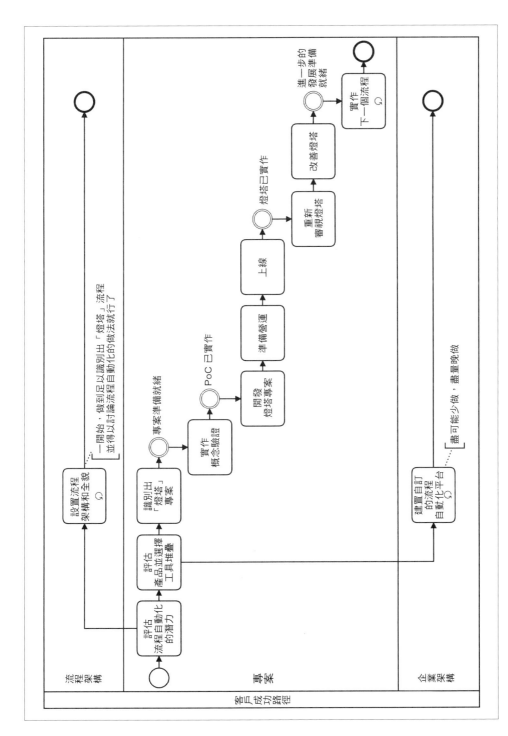

圖 12-2 客戶成功路經（基於 Camunda 最佳實務做法）

# 不同情況下的不同歷程

當然,關於採用歷程的一些具體細節會因你組織的現狀和你引入流程自動化的主要驅力而有所不同。讓我們快速討論一些典型的情況。

## 替換現有的工作流程產品

在我的諮詢工作中,我與很多已經有了一些工作流程產品並希望加以替換的公司合作過。那可能是供應商已停止發展的工具、被證明對公司需求來說太低階的開源框架,或者僅僅是沒有兌現承諾的工具。作為數位轉型或 IT 現代化專案的一部分,公司也可能有意決定替換「老派的 BPMS」或不再被維護的自製工作流程引擎。

這是一種特殊的情況,因為企業已經意識到流程自動化的含義和工作流程引擎是什麼。團隊已經有了流程建模的經驗,也知道執行這樣的模型意味著什麼。即使他們需要在架構和堆疊方面進行調整,很多基本的概念也是熟悉的,這可以使整個歷程變得更加容易。

然而,你需要注意先入為主的觀念。還記得第 1 章的「不是你父母那一代的流程自動化工具」嗎?其他人對流程自動化的看法可能與你閱讀本書後的看法不同。你可能需要進行一些有力的討論。

另一個挑戰可能是你需要證明你為什麼要引進新的工具。我見過許多公司需要複雜的研究來證明替換一個舊工具是合理的,即使每個人都討厭它,沒有人用起來很有生產力。這可能是一個重要的考量,因為它可能會改變前導或燈塔專案的焦點。你可能不需要為流程自動化提出理由,但你可能需要證明遷移到一個新工具的合理性。

最後,你可能需要調查舊工具的問題根源。有時,問題主要不在於工具本身,而是運用它的方式錯誤;例如,將它應用於錯誤的問題或設置奇怪的架構模式。在這種情況下,你需要避免新的工具出現同樣的混亂,所以人們可能需要重新學習他們的一些做法,或者讓他們意識到並承認過去的錯誤。

## 在 SOA 環境中引入流程自動化

如果你在一家採用 SOA 的公司工作,引入流程自動化的策略將取決於內部對這種架構的看法。有很多公司基本上對 SOA 感到滿意,並希望繼續使用它。這很好,你不一定非要改用微服務的做法才能應用流程自動化!但是在引入一個過於集中的流程自動化方法時,你應該特別小心,即使如果適合你的組織和文化,那可能也是行得通的。

## 在事件驅動的架構中引入流程自動化

也許你工作的公司已經接受了事件驅動的微服務（event-driven microservices），而你現在正面臨著難以管理的服務數量和大量突現行為，如第 8 章所述。在這種情況下，你的歷程可能會非常不同。

舉例來說，你可以先嘗試獲得一些可見性，而不需要做太多改變。你可以建立一個流程模型，表達你對所發生的事情的期望。你會讓該模型變得可執行，但特殊的是，它只追蹤事件，本身不主動做任何事情。它不引導任何事情，只是做記錄。

這讓你得以運用以工作流程引擎為中心的完整工具鏈，包括監控，如此你就能看到當前正在發生的事情，監控 SLA 和檢測卡住的實體，或對歷史稽核資料做廣泛的分析。

而這種模式可以成為邁向更多協調（orchestration）的第一步。一個簡單的例子是，你開始為你的端到端流程監控逾時。只要逾時發生，就會自動採取一些行動。在圖 12-3 的例子中，你會在 14 天後通知客戶有延遲，但仍然繼續等待。21 天後，你會放棄並取消訂單。

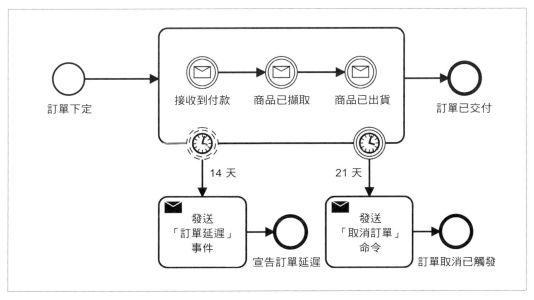

圖 12-3　追蹤事件的 BPMN 模型在某些情況下也可能會被啟動

這是一個很好的基礎，可以進一步發展為接管訂單履行端到端責任的流程。你可以一步一步達成這件事。舉例來說，你可以先在這個流程中刻意協調支付，移除正在進行的事件鏈的一部分。

我知道許多現實生活中的例子，在其中這樣的追蹤流程是現代化專案的開端。比起替換編排（choreography），這些流程更常從各種舊有系統中拾取事件，在這些系統中，底層的連結慢慢被移除，並由協調取代。

## 推動流程自動化的戰略計畫

另一種情況是，如果你的公司已經開始一個戰略計畫，要推動流程自動化的採用。在撰寫本文之時，這些通常是數位轉型（digital transformation）的專案。

這些專案擁有預算。這給了你一個很好的機會來引入流程自動化並解決一些真正的業務問題，但超級重要的是，要遵循建議，即從小事做起，用一個具體的專案來滿足業務需求。我太常看到這種戰略計畫最終陷入 DontDoItAtHome 所勾畫的那種情況。

在該情境中，我甚至看到許多成功的流程自動化專案刻意躲開些專案的雷達，以避免受到他們的阻礙。在此，躲開雷達是有意義的。

作為總結，每種情況都有點不同。試著意識到現狀、歷史，當然還有你流程自動化計畫的目標，並據此做出相應的調整。


# 開始你的旅程

無論你的旅程會是什麼樣子，在某個時間點你總是要開始它。而第一步是最重要的，所以讓我們更深入地研究這些。

當然，開始任何流程自動化的努力時，首先你必須選擇一個工具堆疊（tool stack），如在第 6 章的「評估工作流程引擎」中所描述的。建議是儘快開始建立 POC。現代工具能讓你在幾個小時內自動化第一個流程，所以你可以在一個以上的供應商那邊進行 POC。你可能想與你信任的顧問公司合作，他們會對不同的供應商有一些經驗，可以幫助你立即開始。做 POC 的實踐經驗將大大幫助你確定方向。

# 由下而上的採用 vs. 從上至下的採用

在深入研究 POC 本身的特點之前，讓我們考慮一下在大型企業中採用方法和工具時的兩種典型動作：由下而上（bottom up）和從上至下（top down）。

採用可以從底層開始，一路向上。這種情況經常發生在開源的元件上。開發人員可能在某個地方知道一個工具，然後開始把玩它。一旦他們了解其可能性，他們就會對它充滿熱情，可能會立即應用這個工具來解決手頭的問題，甚至把它推向生產。

在此時，還沒有對該工具進行適當的評估，基本上，該公司馬上就跳入了 POC。如果它是成功的，這個專案就會被注意到，並作為一個燈塔，而其他的專案也會開始採用這個工具。

如果專案的範圍或能見度越來越大，在某個時間點上，業務、法律或合規（compliance）部門可能會介入並要求提供擔保。或者會有人要求提供支援，又或者公司可能會發現真的很需要只有付費版本的工具才有的功能。

在這種情況下，公司基本上是在工具已經確定了的階段開始採購流程，而評估並沒有什麼意義。這並不一定是一件壞事，因為該工具已經證明了其價值。就個人而言，我是這種動作的忠實粉絲，因為我經常看到它非常成功。

這與從上至下的採用動作形成了對比，在這種動作中，工具基本上是由高層決定的，然後移交給開發專案。在一個極端的形式中，企業決定了一個全公司範圍的流程自動化工具堆疊，每個專案都必須使用。這就是 SOA 專案中典型的採用動作。縱觀 SOA 的歷史，你可以看到開發人員仍然扮演著決定性的角色，雖然在這種情況下，通常是單純不使用這些工具或者無法成功使用它們。

因此，即使這種從上至下的動作常常為我自己的公司帶來好處（如果選擇 Camunda 作為平台的話），我還是建議要非常小心地對待它。你可以定義全公司範圍的建議，但你還是應該給各專案留下足夠的空間，讓它們自己決定。這將增加工具被接受的機會，而不是被拒絕。

# 概念驗證

現在讓我們來探討一下什麼是好的 POC（Proofs of Concepts，概念驗證），以及你如何正確地準備和執行它。在 POC 中，你通常在不超過三到五天的時間內建立一個應用程式的原型。其結果就是要被扔掉的，這一點非常重要，要牢記在心。它的唯一目的是試圖證明你的專案行得通，包括與你具體情況有關的所有面向。需要考慮的問題可能是：

- 是否有可能在你自己的架構和堆疊中使用工作流程工具？
- 該開發方法是否適合你的組織？
- 你能對具體的業務領域問題進行建模嗎？
- 不同的角色需要什麼樣的知識？
- 這類專案需要多大的努力？
- 流程自動化對營運的影響是什麼？

通常，與工作流程供應商或專業顧問一起實作 POC 是有意義的，以獲得快速的結果和關於你具體挑戰的重點回饋意見。然而，你至少應該進行共同開發，以便真的了解正在發生的事情。事實證明，二到四人的團隊規模是相當理想的。

在規劃 POC 之前，你需要有意識地澄清你想要達成的具體目標。這將對 POC 產生很大的影響，所以要下定決心，知道什麼是真正重要的。一般情況下，最好是做出明確的選擇，例如，是在本周結束時能夠展示一個漂亮的使用者介面更為重要，還是搞清楚所有的技術問題並深入了解所選的工作流程引擎更重要，或許除了單元測試，其他都不需要。

POC 的典型目標包括：

- 驗證該方法或工具在特定情況下是否有效。
- 展示一個案例，說服內部利害關係者相信該方法是有合理的
- 透過一個完整的例子，解決具體的問題。
- 學習更多關於該工具的知識，了解它是如何運作的。

在計畫你的團隊時，要考慮到你需要對業務領域、目標技術解決方案和建模語言（如 BPMN）的知識，也需要分析和調節（moderation）的技能。定義一個仲裁者（moderator），以避免過多的迂迴路徑，使你的 POC 保持在正軌上。藉由與經驗豐富的顧問一起開發 POC，讓人們在工作中學習。

在某些公司中，人們希望建立一個最小的可行產品（minimum viable product，MVP）而不是 POC。MVP 基本上是已經能提供一些價值的第一個簡單版本。最大的差別在

於，它不會被扔掉。雖然我認為將這樣的 MVP 投入生產並在整個生命週期中進行學習有很大的價值，但我還是會在建立了最初的 POC 之後才那樣做。POC 也可以被看作是驗證架構用的一個快速原型。可以扔掉它，從頭開始，幾乎總是更好的，因為這能讓 POC 專注於學習，而非達到生產品質的程式碼。而且，一個 POC 只需花費幾天時間，時間上的投資也不會太多。

確保有在內部展示 POC 的結果。選擇一個善於演講的人，準備一組重點明確的投影片，說明你的進展和學到的教訓，並測試你的解決方案和演講素材至少一次。令人驚訝的是，團隊往往是在一周內做了一些了不起的工作，然後期望一個自發的演示（demo）能闡明問題。這通常是沒辦法的，請投入一些額外的時間來想出一個故事情節，以便人們能夠跟得上並理解你為什麼以及如何應用流程自動化。

## 提出商業案例

一個適當的演示也應該談及商業案例。我最近看到的一個很好的例子是，在一次會議上，有個客戶正在討論他們的流程自動化採用之旅是如何開始的。他們描述了他們的第一個用例，一個用有五個任務的 BPMN 流程取代了幾封電子郵件和一個試算表。到目前為止，那聽起來有點無聊。但隨後他們展示了一張投影片，其中計算了他們的投資回報率（ROI）。那與無聊完全相反！

該公司在這個專案上投資了大約 10 萬美元，花了三個月的時間才上線。透過節省手工勞動，他們能將幾個人分配到新的角色。僅僅在工資方面的節省就達到了每年大約 100 萬美元！當然，公司裡沒有人質疑這個專案的成功，這對他們促進流程自動化實務的採用有很大幫助。

我看到的另一個很好的例子是一家大型銀行，他們用一個基於工作流程引擎的內部解決方案取代了一個由外部服務提供者營運的舊有的稅務應用程式。這在第一年為他們節省了大約 100 萬歐元的服務和授權費用，並在隨後的每一年節省了大約 300 萬歐元。此外，他們還能夠將關鍵監管系統（regulatory system）的所有權和能力納入內部。新系統從使用者那裡得到了很好的回饋，有的評論還說它與前代系統有「天壤之別」，使他們能夠更有效且快速地服務客戶。

如果你有這樣的數字，一定要把它們展示出來。內部的重要決策者們需要了解這種商業案例。

但是，我經常看到其價值更多的是定性（qualitative）的、更難計算的場景。舉例來說，一個採用微服務架構的客戶告訴我，如果他們沒有引入流程自動化，他們會有很大的麻煩，因為純編排會導致混亂。

這很難用數字來表示，因為這更多是關於避免風險或技術債（technical debt）。幸運的是，上層管理人員理解這個道理，並支持引入流程自動化。

有時，搜索相同業界的成功或失敗故事是有幫助的。你所選擇的流程自動化供應商可能會在這方面有所幫助。作為一個總結，表 12-1 顯示了典型的價值主張（value propositions），並列舉了一些例子以供參考。

表 12-1 工作流程自動化的價值主張

| 價值主張 | 類型 | 可衡量性 | 範例 |
| --- | --- | --- | --- |
| 減少圍繞狀態處理的開發工作 | 定量的 | 難以衡量 | 實施和維護自製的狀態處理，在軟體的生命週期內估計大約需要 10 個人年（person years），相當於 100 萬美元左右。現在使用的是開箱即用的工作流程引擎。授權、培訓和升級成本加起來大約為 10 萬美元。作為紅利，你最好的開發人員可以專注於重要的事情。 |
| 自動化人工任務 | 定量的 | 容易衡量 | 一個新的申辦工作流程即將上線，它可以自動進行初次驗證。這在每個工作日為銷售部門節省了四個小時的工作時間。此外，申辦工作流程的追蹤是自動化的，客戶可以在線上的自助服務窗口中看到他們的當前狀態。這總結起來相當於節省了一個人的工作量。你節省了大約 10 萬美元，並為每個參與的人提升了工作品質。 |
| 建立正確的東西 | 定性的 | 難以衡量 | 流程的可見性能讓各種參與者在早期階段了解流程的設計。因此，在實作一個提供新的行動電話合約的流程中，另一個團隊的開發人員能夠發現流程模型中的某個基本缺陷：一個特定的服務不能以「那種方式」使用，正如他們從以前的專案中痛苦地了解到的。該問題被討論了，模型也馬上被更新了，大約花了一個人日（person day）的時間。這個問題本來很可能會一直隱藏起來，直到推出了才顯現，那時要花很多天的時間來討論所需的變更、計畫它、實作它、重新測試所有的東西等等，諸如此類的。 |

| 價值主張 | 類型 | 可衡量性 | 範例 |
|---|---|---|---|
| 避免流程實體卡住 | 定性的 | 難以衡量 | 每當處理過程中出現一些故障時，訂單不會只是被卡住，等著客戶來詢問他們的商品。取而代之，營運部門會在任何事故發生時得到通知，並可以在客戶注意到延遲之前，輕易地調查問題並修補這些實體。 |
| 了解當前狀態 | 定性的 | 難以衡量 | 安裝有線網際網路（cable internet）可能會是一個耗時的流程。為當前確切的狀態獲得可見性，對於保持客戶和支援人員的滿意度是很重要的。另一種情況則令人感到挫折：當客戶打電話給公司時，他們沒辦法很好地回答訂單的狀態。 |
| 透過使用預先建置的功能來節省精力 | 定量的 | 容易衡量 | 工作流程工具帶有現成的元件，如用於操作和人類任務管理的 GUI。後者實際上可以是一種巨大的收穫，因為它們涉及到任務生命週期的支援、廣泛的 API 和預建的使用者介面。你可以節省一個全職開發人員團隊的成本，迅速達到每年 50 萬美元或更多。 |
| 擴充流程規模 | 定性的 | 難以衡量 | 你們最新的商業廣告爆紅，人們正大量湧入你的服務。如果沒有流程自動化，你就無法「保持燈火通明」，因為你會被人力工作壓得喘不過氣來。一個工作流程引擎可以確保你在更大規模的事件發生時保持控制。 |

請注意，流程自動化技術是某些架構典範（architecture paradigms）的致能器（enabler），沒有它就不可能實現那些典範。當組織出於戰略原因想要應用這些典範時，例如為了處理組織規模擴大並達成業務敏捷性而轉向微服務架構，這可能是引入工具的充分動機，即便在第一個專案中沒有具體的商業案例也一樣。

## 別建置你自己的平台

談了這麼多商業案例，讓我們簡單討論一下與提供即時商業價值完全相反的情況：在供應商的工具上建立一個全公司範圍的流程自動化平台。有些公司甚至用來自不同供應商的元件來組裝整個 SOA 或整合堆疊（integration stack）。

我看到這種情況經常發生，以致於值得擁有自己的章節。建立這樣一個平台的原因通常有兩方面：公司不想依存於供應商，他們需要一些整合，與公司的具體情況做結合，讓所有的專案都可以利用。

但建立這樣一個平台是一個有風險的計畫，有多種原因存在。建立一個流程自動化平台是相當困難的，嘗試那樣做將分散你對提供商業價值的注意力。它使你很難納入從後來的專案中收集到的經驗，因為你在旅程的非常早期就選定了特定架構的基本要素。另外，保持這個平台的最新狀態或修復錯誤，或者僅僅是使底層產品的所有功能都可使用，或者包括新版本中引入的新功能，都是複雜而費時的。最後，使用者無法在網際網路上就自製平台的問題尋求協助，這跟知名的開源產品所能做到的不同。

到目前為止，我所看到的這些計畫中的每一個都很艱辛。在你有幾個專案上線之前，你不應該考慮創建一個自製的平台，因為只有那樣，你才能真正了解共同的特徵，以及什麼很有可能在所有專案中都具有價值且適用。

當然，你仍然可以在最初的專案中做一些工作，讓營運部門或企業架構師滿意。舉例來說，你能與你的認證和授權基礎設施（authentication and authorization infrastructure）做整合，或者確保工作流程工具將其日誌（logs）添加到你的中央日誌設施中。這類程式碼可能對接下來的專案很有價值，你可能會想重複使用之。

## 關於重複使用的要與不要

重用（reuse）非常合理，因為它意味著你可以節省精力和成本。如果你的所有流程解決方案都需要與你的訊息傳遞基礎設施或你的大型主機通訊，你不會想在每個專案中都重新發明輪子。

但與其建立一個自製的平台，另一種模式通常會被證明是更成功的。把可重複使用的元件或程式庫看作是內部的開源專案。你把它們提供給你的公司，並提供一些資源和協助。如果一個程式庫是有幫助的，大多數人都會很樂意應用它。但沒有人必須這樣做。這些程式庫可以在最開始的專案中發展和演進。如果後來的專案需要一些額外的功能，那麼他們就不會無法自行擴充該程式庫，因為他們可以隨時提供 pull requests，或者 fork 該專案。

這種重用的規模擴充性非常好，可以幫助你們的開發人員。同時，這也不會阻礙任何人的生產力。

始終專注於提供有幫助的指導方針，而非施加限制。

許多流程自動化計畫也採用了「提取可在不同業務流程中重複使用的流程片段」的想法。我對此持懷疑態度。如果範圍局限於一個專案團隊，那或許很好，但這些片段不應該在不同的團隊中共用。在後一種情況下，你最好把這種邏輯提取到它自己的服務中，並適當地定義其能力和 API，以便在不同情境下使用，正如第 7 章中所討論的那樣。

# 從專案到程式：擴大採用規模

在前五或六個成功的專案（包括前驅和燈塔專案）之後，考慮用更結構化的做法在你的組織內擴大採用規模，開始變得合理。確保不要在更早的時間點開始擴大規模，因為你會錯過重要的學習機會，並有可能在同時進行的專案中犯下同樣的錯誤，甚至可能導致這些專案之間的摩擦。

本節討論圍繞著規模化的一些挑戰和經過驗證的實務做法。

## 觀感管理：什麼是流程自動化？

客戶將工作流程引擎用於非常不同的用例。在我公司的客戶群中，一個共同的主題是建立本質上是 Java 應用程式的解決方案，但也包含一個可執行的流程。在內部，這些應用程式被視為「Camunda 專案」，即使應用程式的流程部分非常少。

雖然這不是問題，但它也有風險。如果客戶建置龐大的自製應用程式，在真正投入生產之前可能需要很多時間。這種專案往往會變得非常昂貴，甚至可能由於實作流程中出現太多問題而被取消。這些因素與工作流程引擎完全沒有關係，但由於這些專案是「Camunda 專案」，這最終損害了流程自動化的聲譽。

所以，要留意你把「流程自動化」這個話題關聯到了什麼東西。

## 建立一個卓越中心

如果你有一個團隊做前導專案，或許也包括燈塔專案，他們不僅會對技術和架構非常熟悉，也會學到很多寶貴的經驗。要確保這些經驗可以在後續的專案中得到利用。

一種選擇是，單純讓這些人作為一個團隊繼續構建流程解決方案。這無疑是很有效率的，但規模無法擴充。你也可以把團隊拆開，讓每個人去做不同的專案。這是我見過的效果非常好的做法，但這意味著你需要在團隊分配上有一定的彈性。第三種可能性是前面介紹的成功案例中所勾勒的：將專案團隊轉變為一個卓越中心（center of excellence，COE），如圖 12-4 所示。

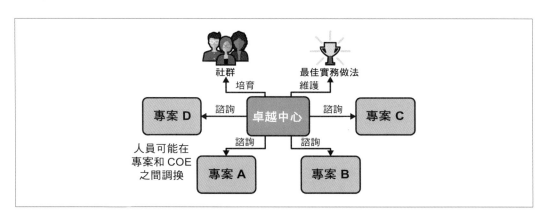

圖 12-4　一個卓越中心可以幫助你擴大流程自動化的採用範圍

這可以被設置為專門針對特定工具的 COE，但更多的時候，它會是一般的流程自動化 COE，負責評估流程自動化技術並協助決定什麼工具適合手頭的工作。典型情況下，這些 COE 也管理以 RPA（robotic process automation，機器人流程自動化）為中心的技術，或人類任務基於技能的繞送（skill-based routing）技術。

COE 建立和維護內部的最佳實務做法，通常仰賴供應商的說明文件和最佳實務做法作為基礎。你也應該記錄適用於你公司的決定、限制或補充。舉例來說，你可能希望專案總是使用一個工具的特定發行版。你可以描述該工具是如何與你們中央的 Active Directory 掛接的。你也可以連接幾個內部專案，提供對訊息傳遞、SOAP 網路服務或 FTP 的整合。

一家大銀行告訴我它是如何在兩年的時間裡在 COE 內部開發了一個「自助服務窗口（self-service portal）」。這個窗口包含入門指南、Java 專案範本，以及一些作為受維護的程式庫的可重用元件。這種設置使大多數專案能夠自行開展，包括由大型跨國外包 IT 整合商提供人員所組成的專案。COE 團隊自己開發了前六個工作流程解決方案，但已經有另外七個專案透過自助服務完成了，這證明了他們方法的有效性。

COE 也可以培養一個社群，單純透過提供交談的機會。他們可以提供一個論壇或 Slack 頻道，或者定期舉行面對面的會議或網路會議。正確的方法在很大程度上取決於你們公司的文化。

投資於內部行銷同樣也是值得的，因為讓其他專案知道 COE 的存在是很重要的。如果可能的話，你甚至可能想公開談論你的用例。

## 管理架構決策

我不是僵固標準化的粉絲。專案團隊需要一些自由來選擇正確的工具。在許多情況下，（舉例來說）如果團隊能夠決定他們是否需要一個工作流程引擎，那甚至是最好的。你的 COE 和燈塔專案可能已經產生了足夠的內部行銷，讓人們知道使用引擎的好處，所以他們應該能夠自己決定。

但當然，讓每個團隊在那一刻選擇他們喜歡的東西是有風險的，因為這些決定可能會被趨勢、炒作、個人喜好所左右，或者單純因為人們得到許可，得以嘗試他們「想嘗試很久的東西」。重要的是，每個人都要明白，某些技術決定是幾年，有時甚至幾十年的承諾。因此，這些決定和由此產生的維護工作將不僅影響到目前的團隊。

行之有效的做法是將選擇的自由與營運和支援生產中的軟體解決方案之責任結合起來，這就是所謂的「你建置了它，你就負責執行它（you build it, you run it）」。這種重要的原始做法使團隊意識到他們將得為自己的決定負責。真正達到這一點時，團隊往往會做出更明智的決定，更有可能選擇 Dan McKinley 所說的「無聊技術（boring technology）」（*https://mcfunley.com/choose-boring-technology*）。

另一種常見的做法是組織一個架構委員會（architecture board），負責定義一些護欄。理想的情況是，這個委員會並不規定任意的標準，而是維護被批准的工具和框架的一個清單。每當有團隊想使用清單上沒有的東西時，他們就必須與該委員會討論。團隊需要提出框架以及他們需要這個工具的原因。這甚至可能導向以工具選擇為中心的富有成效的爭論。團隊可能會學到更適合的替代方案，或者他們可能會碰到他們沒有想過的維護相關問題。當然，他們也可能說服委員會並獲得通行的綠燈。這些委員會不應該阻礙進展，所以要麼他們必須非常迅速地做出決定，要麼允許團隊不用獲得許可就去做，但要明白如果他們做了一些離譜的事情，他們可能會被要求重新思考他們的做法。

我也見過更嚴格的把關，特別是關於容易被濫用的橋接技術（bridge technologies）之時。舉例來說，一個大客戶要求想要使用 RPA 的每一個團隊先提出其使用案例。其目的是要讓這些團隊充分意識到他們正在增加技術債。他們需要提出一個償還債務的策略（例如以後遷移到適當的 API）。

## 分散式的工作流程工具

本書建議，你應該傾向於採用每個團隊都執行自己的工作流程引擎之做法，尤其是在微服務的背景之下。其主要優點是透過隔離團隊來允許規模擴大。這也意味著你必須在知情的情況下，接受安裝了不同工作流程平台這種瘋狂組合的可能性。

這就產生了問題。你怎樣才能得知實際執行的概況？你如何確保所安裝的平台有套用所有重要的補丁？所有的引擎都運作良好嗎？你如何從各種引擎收集指標，以檢查你是否在你授權許可的限制之內？通常，這些問題是由卓越中心、你的工作流程冠軍（workflow champion）或負責流程自動化的企業架構師提出的。

如何回答這些問題取決於手頭的工具，但通常只要使用工具所提供的 API，從公司內部的不同引擎自動獲取相關資料就可以了，就這麼簡單。你甚至可以更進一步，允許透過點擊一個按鈕來更新或修補引擎。

當然，如果你使用雲端上的託管服務，所有的這些都會變得更加容易，因為它們已經內建了提供這些功能的控制面板。這可能也適用於安裝有私有雲（private cloud）的情況。

## 角色和技能發展

為了擴大規模，你需要在內部積極發展正確的技能，有些是在工作中，有些是在教育訓練中。具體的需求取決於所使用的工具。作為經驗法則，一個工具對開發者越友好，你需要的專門培訓就越少。

讓我們快速勾勒出一個專案中不同角色的典型學習路徑。對於開發人員，我區分了不同的類型。

### 搖滾明星開發者（Rockstar developers）

這些是早期採用者，他們有時能創造奇跡。他們有很強的動力和熱情。你只需給他們工作流程引擎和入門指南，然後不要擋路就行了。他們很可能會用 Google 來完成他們的工作。這些人可能最適合於早期的專案，也許還有 COE。他們面臨的挑戰是，他們總是想要最新且最棒的技術，而且有時傾向於過度設計。他們並不總是善於指導別人。而且請注意，這種人很容易分心。

## 專業開發人員（*Professional developers*）

這些開發人員是受過訓練的軟體工程師。他們在自己所選的環境中使用非常個性化的工具，可以很有生產力。為了能在工作流程引擎上有所收穫，他們需要學習流程建模語言（如 BPMN）的基礎知識，並在核心工作流程引擎概念和 API 方面打下堅實的基礎。建議與你的工具供應商進行一次培訓，也許再加上一些持續的諮詢時間，這樣他們就可以在遇到任何問題時提出。這些人通常是可以勝任你們 COE 一部分的好教練。

在流程自動化領域，你經常聽到低程式碼開發人員（*low-code developers*，如第 1 章「低程式碼的限制」所討論的）。低程式碼開發人員並非訓練有素的軟體工程師，而是經常有業務背景。他們很可能使用 Microsoft Office 工具、巨集（macros）或 RPA 進入開發領域。他們經常把工作時間用在這些環境中開發解決方案。對於一些公司來說，擴大其流程自動化工程規模的關鍵是讓這些開發人員有辦法對可執行的工作流程進行建模。低程式碼開發人員需要一個非常受限的環境，並在他們將要工作的確切環境中提供高度自訂的培訓課程。

你可能也聽說過平民開發人員（*citizen developers*）。這些人不是軟體工程師，但通常是有一些 IT 親和力的終端使用者。他們想用自己能掌握的技術來解決一個持續的痛點。這些解決方案不在本書的範圍之內。

業務分析師（*business analysts*）基本上需要學習流程建模語言（BPMN）。雖然他們可能會使用不同的技巧來發現和討論工作流程模型（例如，創造力技巧），但他們應該能夠創建一個流程模型作為開發的輸入，並也理解開發人員所建立的模型。

營運（或基礎設施）人員需要了解部署和執行工具的需要，以及如何排除故障情況。大多數供應商為這個目標群體提供了專門的培訓。

企業架構師（*enterprise architects*）需要了解流程自動化在大局和整體架構中的作用。如果可能的話，架構師也應該對所選擇的工具進行一些培訓，以了解其具體內容。

一些客戶還報告說，他們有額外的流程方法論專家（*process methodology experts*），他們確實擅長檢查某個特定的流程設計是否是最合理的。他們試圖弄清所有設計決策的底細，目的是簡化流程模型。這些人通常被組織在 COE 內部。

當然，角色和責任會有所不同，每個履行角色的人都會以他們自己的方式「生活」。

請注意，一個好的培訓課程只有在你之後將知識用於現實生活中的專案時才會生效。儘量讓培訓接近你的專案起點。

此外，你應該總是嘗試在工作中組織一些額外的輔導。這可以由供應商、合作夥伴或你們自己的 COE 提供。提供一個遠端的諮詢服務往往就很有效。

# 結論

正如本章所顯示的，一個成功的採用之旅通常是逐步循序漸進的方法，首先是一個前導專案，然後是一個真正展示其好處的燈塔專案。學到的教訓被用來指導接下來的專案。在前五或六個專案成功上線後，再考慮規模問題。

經驗表明，提供指導，例如以卓越中心或可重用程式庫的形式，往往比強加硬性規則更成功，就像由下而上的工具採用路徑一樣。你還應該考慮你們關鍵角色的學習路徑，以使你們流程自動化之旅有最高的成功機會。

# 第 13 章

# 離別之語

你已經到了本書的結尾，我希望你喜歡這種體驗，並希望它能提高你對流程自動化的理解。對我來說，身為流程自動化的愛好者，還有很多事情沒有說。這最後一章對我認為需要提及的幾個主題進行了非常快速的介紹。本章：

- 總結了架構趨勢是如何影響流程自動化的，以及這在本書的哪裡有涵蓋。

- 探討現代架構如何影響使用者體驗、客戶的歷程和業務流程

- 給你一些關於下一步該怎麼做的建議

## 目前的架構趨勢影響流程自動化

目前有一個很大的趨勢，就是使用更精細的元件，並分散式執行。這是掌握現代系統日益增長的複雜性和規模的一個關鍵必要條件。

它也有一些有趣的影響，這在書中的不同地方都有觸及：

- 業務邏輯是分散式的，許多元件需要互動以滿足客戶的需求，並實作端到端的業務流程。這在第 7 章中已經介紹過了。

- 系統變得更加反應式（reactive）和事件驅動（event-driven），因此需要平衡編排（choreography）和協調（orchestration），這在第 8 章中有所介紹。

- 遠端通訊帶來了新的挑戰，特別是圍繞著一致性（onsistency）的那些，如第 9 章所述。

- 為了能夠開發、操作和維護大量的元件，公司需要改進他們以持續交付（continuous delivery）為中心的實務做法。工作流程引擎需要有足夠的彈性以支援這一點，如第 6 章所述。可執行流程的測試程序是這一難題的重要部分，如第 3 章的「流程的測試」所述。

- 元件迅速遷移到雲端上，基本上是因為它簡化了營運和部署。朝向微服務架構的轉變往往與朝向在公共（或私有）雲中執行的轉變相伴而行。這意味著工作流程自動化技術必須在雲端中也可取用，這一點在第 6 章中已經提到。

- 開發人員比以往任何時候都更有自由來選擇單一元件的技術堆疊。這使得架構變得更加多語言（polyglot），正如第 3 章「結合流程模型與程式碼」中提到的，好的工作流程引擎應該支援用不同語言編寫的膠接程式碼（glue code）。

- 一般來說，會有更多的自動化發生。這意味著工作流程引擎需要支援必要的規模，以及近乎即時（real-time）的應用程式，正如第 6 章「效能與規模可擴充性」中所觸及的。

在未來幾年，對工作流程引擎的需求肯定會增加，而且工具需要是輕量化且有彈性的。

工作流程技術是否有達成非功能性需求以及如何達成，在不同的供應商和產品之間會有所不同，但這是可能的，我個人已經看到工作流程引擎被應用於現代架構和巨大的規模上。

# 重新思考業務流程和使用者體驗

隨著架構經歷了這裡所描述的變化，我經常觀察到業務部門並不了解因此而產生的機會。相反地，長時間執行的能力往往被塞進同步的門面（synchronous facades）中，以避免改變熟悉的客戶體驗。

讓我們舉個例子。假設你想訂一張火車票。這通常是一種同步的用戶體驗。你選擇路線，為你的預訂選擇一個座位，選擇票種和票價，最後提供你的個人資料連同支付方法。在你輸入所有資料並點擊結帳按鈕後，你可以在等待預訂成功的同時觀看一些 GIF 動畫。

正如你在第 9 章中所看到的，要在現代架構上實作這種同步的使用者體驗，實際上非常困難。

但這不是我在此想說的重點。問題出在於一開始想要有這種同步用戶體驗的強烈願望。在討論這個問題的時候，我經常會遇到來自業務部門的強烈意見，認為這樣的交流需要同步進行。在火車票的例子中，這有兩個典型的原因：

- 「如果在訂票流程中出現了問題，那麼我們需要與客戶對談。這只有透過同步的體驗才能實現。」

- 「我們需要將車票建立為一個 PDF 檔案，以便客戶列印出來。這需要在預訂成功後立即顯示出來。」

我完全質疑這兩點。

關於第一點，當預訂流程中出現問題時，你可以在某個中間步驟中暫停該流程並通知客戶。他們可能仍然在網站上等待，但網站不需要被一個載入轉輪擋住。取而代之，也許客戶可以看到一個漂亮的狀態概述頁面，在背景不斷地更新。客戶知道他們可以先離開，稍後再回來，仍然可以看到他們的進展，或許是使用一個獨特的深度連結（deep link）。每當有什麼問題需要他們注意時，他們可能會收到一封電子郵件或 app 中的通知。

這裡有一個有趣的觀察。無論如何，你都必須考慮這個問題，即使你提供了一個同步的行為。舉例來說，如果你為客戶保留了一個座位，而服務緊接著就當掉了，你最好能提供一種方法讓客戶重新取得他們的預訂，或者至少你需要確保該預訂會逾時。

每當需求在非同步架構和同步客戶體驗之間拉扯時，即使作為客戶，你也能看到它們的奇怪影響。你的瀏覽器曾經在你訂機票的時候當掉過嗎？我的就有。你認為我能得到我在那從未完成的第一次預訂過程中所選的那個座位嗎？當然沒辦法。

為什麼不正面解決這些最終一致性（eventual consistency）的問題，讓客戶有機會在一定時間內完成預訂呢？

至於第二個有關列印出車票的說法，我很抱歉，但這是 2021 年了。誰還會印出車票呢？智慧手機、app 和無處不在的電腦已經改變了客戶體驗。顧客希望車票是在他們的應用程式中。而且，即使他們喜歡列印，客戶也會很樂意透過電子郵件取票。這使得客戶體驗更有彈性。如果由於某些原因，在訂票的時候不能生成 PDF，一切還是沒問題，客戶也只是晚個幾分鐘才拿到票而已。

但若是有一個同步的用戶體驗，整個預訂就會失敗。你認為客戶會更喜歡什麼呢？

作為一種紅利，你還不必一直在同步和非同步世界之間進行轉換，這使你的系統更容易實作。你唯一要做的是讓你的業務人員從頭開始重新思考客戶體驗。是的，這是一項艱鉅的任務，但有越來越多的業界成功案例可以在過程中幫上你的忙。令人驚訝的是，我經常可以透過單純詢問 Amazon 會怎麼做而取得進展。用 Eliyahu Goldratt 的話說：

You've deployed an amazing technology, but because you haven't changed the way you work, you haven't actually diminished a limitation.

（你已經部署了一項驚人的技術，但因為你沒有改變你的工作方式，所以你實際上並沒有減少一個限制。）

# 此後的發展方向

恭喜你，你做到了！感謝你閱讀這本書。我希望我有把我的一些熱情傳遞給你。

我寫這本書的目的是要讓你掌握以流程自動化為中心的最重要的知識，以幫助你開始你的旅程。若沒有犯下自己的錯誤，使用新的概念和技術永遠是不可能的，但我希望你在這裡讀到的東西能減少它們的數量和影響。

知道了這點之後，我能給你的最好建議就是去實踐。現在就使用流程自動化技術，就是字面上的現在沒錯。停止閱讀，去自動化一個流程。設置一個流程解決方案並應用你剛剛讀到的內容，最好是在一個真實的用例中，但一個有趣的或作為嗜好的專案也可以。本書網站（*https://ProcessAutomationBook.com*）上的範例和連結可能有助於你開始著手。

我祝福你的工作一切順利，並希望有一天能聽到你的經驗，透過電子郵件（*feedback@ProcessAutomationBook.com*）、在 Camunda 的論壇上、在 O'Reilly 的學習平台上，或在世界某個地方的會議上。

# 索引

※ 提醒您： 由於翻譯書排版的關係，部分索引名詞的對應頁碼會和實際頁碼有一頁之差。

# E

EAI（enterprise application integration，
企業應用程式整合）工具, 14

elements（元素），標籤, 225

emergent behavior（突現行為）, 158

end events（結束事件）, 6, 52

enterprise application integration（EAI）
工具, 14

enterprise architects（企業架構）, 271

Enterprise Integration Patterns（Hohpe 與
Woolf）, 188

enterprise service bus（ESB，企業服務匯流
排）, 15, 73

errors（錯誤），與例外和結果之比較, 223-
225

ESB（enterprise service bus）, 15, 73

ETL（extract, transform, load）作業, 103,
231

evaluating（評估）
變更方案以驗證決策, 174
使用模型事件的 KPI, 231
工作流程引擎, 129-132

event chains（事件鏈）
避免使用命令, 166-169
鏈串, 160
缺乏可見性, 161

Event Storming, 143

event-driven communication（事件驅動通
訊，參見 choreography）

event-driven systems（事件驅動系統）
關於, 155-157

突現行為, 158
事件鏈, 158-162
中的流程自動化, 258
分散式單體的風險, 162-163

events（事件）
關於, 56, 165
命令 vs., 170
補償, 197
與命令混合使用, 170-173
模型, 231

examples（範例）, 3-6, 31-39

exceptions（例外），與例外和結果之比較,
223-225

exclusive gateway（互斥匝道）, 55

executable process models（可執行的流程
模型）, 6-9, 220

executed on a workflow engine（在一個工
作流程引擎上執行）, 11, 219, 233

execution（執行），的流程控制, 53

executives（高級主管）, 208

expression language（運算式語言）, 82
（也請參見 FEEL（Friendly Enough
Expression Language））

extensibility（可擴充性），工作流程平台
的, 130

external tasklist applications（外部任務清單
應用程式）, 91

extract, transform, load（ETL，提取、
轉換、載入）作業, 103, 231

extracting logic into subprocesses（提取邏
輯至子流程）, 221-223

# Z

# 關於作者

**Bernd Ruecker** 是一位真正的軟體開發人員，二十年來一直在流程自動化領域進行創新。以他工作成果為基礎的解決方案已被部署在一系列組織中，從「普通」公司到業界領導者的高度可擴充和 Agile 環境都有，例如 T-Mobile、Lufthansa 航空、ING 和 Atlassian。超過 15 年來，他一直在為各種開源工作流程引擎做貢獻，他是 Camunda 的聯合創辦人暨首席技術專家，Camunda 是一家開源軟體公司，重新發明了流程自動化，以自動化任何地方的任何流程。他與他的聯合創辦人還一起撰寫了 *Real-Life BPMN*（CreateSpace 獨立出版平台），這是一本關於流程建模和自動化的熱門書籍，現在已經是第六版，有英語、德語和西班牙語版本。

Bernd 喜歡撰寫程式碼，特別是為了進行概念驗證之時。他經常在國際會議上演講並為各種雜誌撰稿。他專注於新的流程自動化典範，這些典範可融入以分散式系統、微服務、領域驅動設計、事件驅動架構和反應式系統為中心的現代架構。

# 出版記事

《*流程自動化實務*》封面上的動物是大瓮藍子魚（barred rabbitfish，學名為 *Siganus doliatus*）。這些魚居住在西太平洋（Western Pacific）的珊瑚礁中，從菲律賓（Philippines）向南到澳大利亞（Australia）西北部都有。

大瓮藍子魚呈天藍色，腹部為白色，眼睛和鰓裂處有兩條深色帶。牠們有發光的黃色條紋，嘴上和背鰭及尾部則有較深黃色斑塊。牠們可以長到 10 英寸長，可以活到 12 歲。牠們的另一個俗稱是「spinefoot（台灣俗名為「臭肚魚」）」，這源自於牠們尾鰭上的毒刺；牠們的背鰭上也有保護性的刺。牠們用短而鋒利的牙齒來捕食藻類。

幼魚成群結隊游動以尋找食物，並作為對抗掠食者的防護。牠們表現出典型的群泳行為（schooling behavior），許多個體以協調的方式一起游動，速度和方向都很一致，仿佛牠們是一個整體。成魚會結對繁殖。

封面插圖由 Karen Montgomery 創作，根據的是 Cuvier 的一幅黑白雕刻作品。

# 流程自動化實務｜微服務和雲端原生架構中的協調與整合

作　　　者：Bernd Ruecker
譯　　　者：黃銘偉
企劃編輯：蔡彤孟
文字編輯：詹祐甯
設計裝幀：陶相騰
發 行 人：廖文良

發 行 所：碁峰資訊股份有限公司
地　　　址：台北市南港區三重路 66 號 7 樓之 6
電　　　話：(02)2788-2408
傳　　　真：(02)8192-4433
網　　　站：www.gotop.com.tw
書　　　號：A683
版　　　次：2021 年 12 月初版
建議售價：NT$580

國家圖書館出版品預行編目資料

流程自動化實務：微服務和雲端原生架構中的協調與整合 /
Bernd Ruecker 原著；黃銘偉譯. -- 初版. -- 臺北市：碁峰資
訊, 2021.12
　　面；　　公分
　　譯自：Practical Process Automation : orchestration and
integration in microservices and cloud native architectures.
　　ISBN 978-986-502-996-8(平裝)
　　1.系統程式　2.電腦程式設計
312.5　　　　　　　　　　　　　　　　　　　110017247

**讀者服務**

- 感謝您購買碁峰圖書，如果您對本書的內容或表達上有不清楚的地方或其他建議，請至碁峰網站：「聯絡我們」\「圖書問題」留下您所購買之書籍及問題。(請註明購買書籍之書號及書名，以及問題頁數，以便能儘快為您處理)
  http://www.gotop.com.tw

- 售後服務僅限書籍本身內容，若是軟、硬體問題，請您直接與軟體廠商聯絡。

- 若於購買書籍後發現有破損、缺頁、裝訂錯誤之問題，請直接將書寄回更換，並註明您的姓名、連絡電話及地址，將有專人與您連絡補寄商品。